几种改进的智能优化算法及其应用

武 装 著

科学技术文献出版社
SCIENTIFIC AND TECHNICAL DOCUMENTATION PRESS

·北京·

图书在版编目（CIP）数据

几种改进的智能优化算法及其应用 / 武装著. —北京：科学技术文献出版社，2018.8

ISBN 978-7-5189-4781-2

Ⅰ.①几… Ⅱ.①武… Ⅲ.①计算机算法—最优化算法 Ⅳ.① TP301.6

中国版本图书馆 CIP 数据核字（2018）第 206217 号

几种改进的智能优化算法及其应用

策划编辑：李 蕊　　责任编辑：赵 斌　　责任校对：张吲哚　　责任出版：张志平

出 版 者	科学技术文献出版社
地 址	北京市复兴路15号　邮编 100038
编 务 部	(010) 58882938，58882087（传真）
发 行 部	(010) 58882868，58882870（传真）
邮 购 部	(010) 58882873
官方网址	www.stdp.com.cn
发 行 者	科学技术文献出版社发行　全国各地新华书店经销
印 刷 者	北京教图印刷有限公司
版 次	2018 年 8 月第 1 版　2018 年 8 月第 1 次印刷
开 本	710×1000　1/16
字 数	321千
印 张	19.75
书 号	ISBN 978-7-5189-4781-2
定 价	78.00元

前　言

优化理论研究一直是一个非常活跃的研究领域。它所研究的问题是在众多方案中寻求最优方案。人们关于优化问题的研究工作，随着历史的发展不断深入，对人类的发展起到了重要的推动作用。但是，任何科学的进步都受到历史条件的限制，直到20世纪中叶，由于高速数字计算机应用日益广泛，使得优化技术不仅成为迫切需要，而且有了求解的有力工具。因此，优化理论和算法迅速发展起来，成为一门新的学科，至今已出现线性规划、整数规划、非线性规划、几何规划、动态规划、随机规划、网络流等许多分支。这些优化技术在诸多工程领域得到了迅速推广和应用，如系统控制、人工智能、生产调度等。随着人类生存空间的扩大，以及认识世界和改造世界范围的拓宽，常规优化方法，如牛顿法、共轭梯度法、模式搜索法和单纯形法等，已经无法处理人们所面对的复杂问题。因此，高效的智能优化算法成为科学工作者的研究目标之一。

智能算法是通过模拟或揭示某些自然界的现象和过程得到发展，在优化领域，有人将这类算法统称为智能优化算法。智能算法中最为耳熟能详的如遗传算法、粒子群优化算法、蚁群算法、模拟退火算法和万有引力搜索算法等。传统的优化算法能够解决很多工程、社会、经济建设中的实际优化问题，但是传统方法尚存在一些问题，如遇到涉及因素多、规模大、难度高的优化问题时存在多个局部最优解，并且可能存在多个不同的全局最优解。

例如，运输中的最优调度、资源最优分配、工程最优设计、农作物合理布局等。对于这些问题，无法借助传统的优化问题来解决，因为它在面对这些复杂问题时无能为力，无论是计算速度、收敛性还是初值敏感性等方面都不能满足需求。智能优化算法的产生在解决一些复杂问题时具有极强的应用性。从实际应用来看，智能优化算法不强行要求目标函数及约束条件的连续性，有些情况下，是否有表达式都不限制；同时，具有计算速度快、对计算中数据的不确定性具有比较强的适应能力等优势。本书针对几种智能优化算法的基本理论及优缺点做了一些研究，注重研究的原创性、学科的交叉性和内容的前沿性，研究的主要工作如下：

①无论在标准粒子群优化算法还是在改进粒子群优化算法中，都有一些参数需要设定，由于对不同的优化问题，在取得最优结果时参数的设置往往是不完全相同的。因此，本书对粒子群优化算法的参数设置和权重改进策略进行研究，可为粒子群优化算法的参数选取提供了一个理论上的指导和参考。粒子群优化算法及其众多改进算法在许许多多静态问题的优化上已经被成功运用了很多次，但是，在现实中，很多问题的环境都是随时间的变化而变化的，同时，要求算法要对环境的变化做出敏捷的反应。对于动态优化问题的要求已经不再是在变化的环境中寻求一个最优解，而是在解空间中跟踪动态变化的最优点。本书对粒子群优化算法的动态问题进行进一步研究。除此之外，多目标优化问题是指将要求解的优化问题中，有一个以上的目标函数，而且需要同时对所有的目标函数进行寻优。在现实生活中，我们所遇到的大多数问题都可以映射到多目标的数学模型中，如证券的投资组合问题、多目标背包问题等。

　　多目标不同于单目标的粒子群优化算法，单目标粒子群优化算法可以在粒子本身的历史最优和整个种群的历史最优中不断更新个体极值和全局极值，而多目标无法做到。因为多目标粒子群优化算法（MOPSO）不存在精准、单独的最优解。本书从定性和定量两个方面对 MOPSO 与 NSGA-Ⅱ（带精英策略的非支配排序遗传算法）进行了对比研究，并运用 MOPSO 对投资组合问题进行了实证分析，获得了投资组合问题的最优 Pareto 前沿，检验了算法的有效性；并将 MOPSO 算法运用在基于二层规划的企业信息化投资的问题上，证实了二层规划模型在企业信息化投资方面的可行性。

　　②对于问题的优化问题，要的结果都是寻找到解决方案中的最优解，用搜索算法来寻求最优解，收敛便是关键的一步。当要优化的函数是非平滑曲线的时候，像是一些基于梯度的传统算法用于函数最小化的时候，常常是不能够在搜索的最后收敛于全局最小的，这就使得它们在一些应用中没有了实际的意思。启发式的算法，像标准的万有引力搜索算法（GSA），是不受函数梯度约束的，在解决复杂优化问题中能够实现最小化的搜索，但标准的万有引力搜索算法在优化搜索的过程中会出现早熟收敛的现象，容易陷入局部最优解的情况。为此，对标准万有引力搜索算法的改进，提出了探测策略。随着探测能力的减弱，搜索能力反而要加强。除此之外，我们还探讨了基于模拟退火思想的万有引力搜索算法和混沌万有引力搜索算法。基于模拟退火思想的万有引力搜索算法将模拟退火算法与万有引力搜索算法相结合，引用了模拟退火的思想，针对粒子位置的更新，采用基于 Metropolis 准则的更新策略提高万有引力搜索算法的搜索能力，降低算法陷入局部

最优解的概率。混沌万有引力搜索算法，由于在某种特定范围内的混沌运动会按照混沌本身的特点不重复的遍历所有状态，通过添加混沌因子来运行局部搜索，从而改进并优化算法的性能。改进算法时需要先把要优化因子映射到混沌的状态，优化因子的搜索空间需要由混沌运动的遍历范围逆映射过去，再通过混沌因子进行改进搜索。

③群体智能优化算法是一种模仿生物群体的智能搜索算法，提高了智能优化技能，为往后的复杂优化问题提供了较好的解决方案。蚁群算法是一种智能搜寻最短路径的概率型算法，运用信息激素当作蚂蚁选取往后行为的依据。蚁群算法具有极强的鲁棒性和易与其他算法相互结合等优点。虽然蚁群算法提出时间不长，但应用面很广，现已应用到许多范畴，蚁群算法已经成为智能优化学科中十分活跃的研究课题。我们探讨了蚁群聚类算法的数学模型，以及蚁群算法在多峰函数优化问题和 TSP 问题（旅行商问题）中的应用等。

④多年以来，免疫算法在各种领域都有了许多的应用，免疫算法的研究成果已经涉及非线性最优化、组合优化等诸多领域，并且免疫算法在这些领域表现出了十分卓越的性能和效率。免疫算法在实际应用过程中也存在如稳定性较差、数据冗余、局部搜索能力有限等缺点。在免疫算法中，可以认为待求解的目标函数及约束条件代表免疫系统中的抗原，问题的可行解代表免疫系统对抗原产生的抗体，可行解的目标函数值代表免疫系统中产生的抗体与抗原之间的亲和度。免疫算法总是优先选择亲和度高、浓度小的抗体进入下一代抗体群，并以此来达到促进高亲和度抗体和抑制高浓度抗体的目的，并且在进化的过程中充分维持抗体多

样性。由此，免疫算法有效地避免了陷入局部最优解，并且提高了算法的局部搜索能力，加快了算法的收敛速度。我们探讨了基于免疫算法的复杂函数优化和免疫算法在 TSP 中的应用，通过免疫算法求解物流配送中心选址问题，获得了较好的实验结果。

⑤遗传算法可以自我学习和自我适应，其求解过程具有并行性，搜索能力强，算法的兼容性较好。我们建立一个通用的多元多次数学函数模型，这是一个通用的模型，可以给其中的变量赋值，来满足具体的生活需求。这个函数模型可以适用生产线最小生产资料问题、锅炉优化问题及交通规划最短距离问题。我们利用这个多元高次函数对改进后的遗传算法进行验证求解，求其最小值，结果表明，算法时长及系统反应时间都比较短，不管是收敛速度还是最终结果的精度都在我们的工作预期之内，这都证明了改进遗传算法的可行性。

本书由武装著。其中，参与整理工作的有富子豪、陈彤、林祎、林文娣、林静、李莹莹、符有带、廖伟、孙彬、李春辉等本科生和研究生，在此一并表示感谢。

作　者

2018 年 8 月

目　　录

第一部分　粒子群优化算法

第一章　粒子群优化算法简介 …………………………………… 3

1.1　研究的背景和课题的意义 ………………………………… 3

1.2　粒子群优化算法的起源及研究现状 ……………………… 5

第二章　标准粒子群优化算法 …………………………………… 12

2.1　粒子群优化算法 …………………………………………… 12

2.2　标准粒子群优化算法简介 ………………………………… 14

2.3　粒子群优化算法基本流程 ………………………………… 16

2.4　标准粒子群优化算法 ……………………………………… 17

2.5　粒子群优化算法组成要素 ………………………………… 17

第三章　粒子群优化算法权重改进的策略研究 ………………… 19

3.1　参数分析与选择 …………………………………………… 19

3.2　参数的选择 ………………………………………………… 21

3.3　几种测试函数的简介 ……………………………………… 21

3.4　3 种权重改进策略 ………………………………………… 24

3.5　测试 3 种权重改进策略 …………………………………… 27

第四章　动态粒子群优化算法 …………………………………… 36

4.1　动态粒子群优化算法的流程 ……………………………… 36

4.2　测试实验 …………………………………………………… 37

4.3　实际路径与算法路径对比 ………………………………… 49

4.4 种群大小对收敛结果的影响测试 ……………………………… 52

第五章 多目标粒子群优化算法 ………………………………… 65

5.1 标准粒子群优化算法 …………………………………………… 65

5.2 改进的粒子群优化算法 ………………………………………… 69

5.3 多目标优化问题 ………………………………………………… 70

5.4 多目标粒子群优化算法（MOPSO）…………………………… 73

5.5 经典的 NSGA-Ⅱ算法 …………………………………………… 74

5.6 仿真实验分析 …………………………………………………… 74

5.7 MOPSO 在投资组合问题上的应用 …………………………… 87

第二部分　万有引力搜索算法

第六章 基本万有引力搜索算法简介 …………………………… 99

6.1 研究背景和课题意义 …………………………………………… 99

6.2 万有引力搜索算法的起源及国内外的研究现状 …………… 101

6.3 万有引力搜索算法原理 ……………………………………… 104

6.4 万有引力搜索算法步骤 ……………………………………… 108

6.5 万有引力搜索算法的参数分析 ……………………………… 109

6.6 基本万有引力搜索算法 ……………………………………… 109

6.7 万有引力搜索算法的模型 …………………………………… 111

6.8 对标准万有引力搜索算法的改进 …………………………… 112

6.9 仿真实验与测试 ……………………………………………… 116

6.10 改进的万有引力搜索算法验证及结果分析 ……………… 122

6.11 万有引力搜索算法在多目标函数优化中的应用 ………… 131

第七章 基于模拟退火思想的万有引力搜索算法 …………… 138

7.1 基于 Metropolis 准则的位置更新策略 …………………… 138

7.2 基于模拟退火的万有引力搜索算法 ………………………… 139

7.3 测试函数介绍 ………………………………………………… 140

7.4 测试函数的参数及空间模型 ………………………………… 140

7.5 仿真实验与结果分析 ……………………………………… 146

第八章 混沌万有引力搜索算法……………………………… 168
8.1 混沌算法 …………………………………………………… 168
8.2 混沌万有引力搜索算法原理 ……………………………… 170
8.3 仿真实验与分析 …………………………………………… 173
8.4 混沌万有引力搜索算法的验证与结果分析 ……………… 180
8.5 4 种算法在测试函数中的实验数值 ……………………… 194

第三部分 蚁群算法

第九章 蚁群算法…………………………………………… 201
9.1 研究背景与国内外现状 …………………………………… 201
9.2 蚁群算法基本原理及分析 ………………………………… 202
9.3 蚁群算法的数学模型及实现 ……………………………… 203
9.4 蚁群算法参数研究 ………………………………………… 206
9.5 蚁群聚类算法及其改进 …………………………………… 211
9.6 蚁群算法在多峰值函数优化问题中的应用 ……………… 216
9.7 蚁群算法在 TSP 问题中的应用 ………………………… 227

第四部分 免疫优化算法

第十章 免疫优化算法……………………………………… 235
10.1 国内外研究现状 …………………………………………… 235
10.2 免疫算法的基本原理 ……………………………………… 238
10.3 测试函数及空间模型 ……………………………………… 246
10.4 基于免疫算法的函数优化 ………………………………… 252
10.5 免疫算法在 TSP 问题中的应用 ………………………… 259

第五部分 遗传算法

第十一章 改进的遗传算法 ……………………………………………… 267

11.1 研究背景和国内外研究现状 ………………………………… 267

11.2 遗传算法概述 ………………………………………………… 269

11.3 遗传算法理论基础 …………………………………………… 271

11.4 仿真实验分析 ………………………………………………… 275

11.5 遗传算法的改进 ……………………………………………… 287

11.6 遗传算法最优化问题实例 …………………………………… 290

参考文献 …………………………………………………………… 295

致 谢 ……………………………………………………………… 303

第一部分　粒子群优化算法

第一章　粒子群优化算法简介

1.1　研究的背景和课题的意义

优化理论研究一直是一个非常活跃的研究领域。它所研究的问题是在众多方案中寻求最优方案。人们关于优化问题的研究工作，随着历史的发展不断深入，对人类的发展起到了重要的推动作用。但是，任何科学的进步都受到历史条件的限制，直到 20 世纪中叶，由于高速数字计算机应用日益广泛，使得优化技术不仅成为迫切需要，而且有了求解的有力工具。因此，优化理论和算法迅速发展起来，成为一门新的学科。至今已出现线性规划、整数规划、非线性规划、几何规划、动态规划、随机规划、网络流等许多分支。这些优化技术在诸多工程领域得到了迅速推广和应用，如系统控制、人工智能、生产调度等。随着人类生存空间的扩大，以及认识世界和改造世界范围的拓宽，常规优化方法，如牛顿法、共轭梯度法、模式搜索法、单纯形法等，已经无法处理人们所面对的复杂问题。因此，高效的优化算法成为科学工作者的研究目标之一。

优化问题的定义为：根据已经设定的某些条件，设置一组参数值，使得某些指标达到最值——最大值或最小值。优化问题应用于很多方面，如在城建规划问题中，如何确定工厂、学校、医院、商店、机关等各种单位的合理布局，才能最大化地方便群众，促进城市各行业的发展。优化理论始终是一个研究火热的话题，它是指在搜索范围内寻找能最大限度满足问题的方案。随着计算机科学的出现，将优化理论研究的热潮推上了一个新的高度，计算机成为优化技术中必不可缺的一环，也是最关键的一环。因此，优化理论迅速丰满扩大，演变成一门学科。包括线性规划、几何规划等，都是包括在优化理论里。这些优化技术在应用领域被迅速推广，人工智能和生产调度等就是最好的例子。随着人们对优化技术的深入研究，普通单一的优化理论已经无法满足人们的需求，这也推进了人们对优化算法的研究，以解决更加复杂的问题。

20 世纪 80 年代后，不同于传统优化算法的智能优化算法势如破竹般地得到了发展。顾名思义，"智能"二字便是由于其最为突出的特点是透过自然界的一些物理现象和导致此种物理现象形成的过程而形成的。智能算法中最为耳熟能详的有模拟退火算法、神经网络算法、万有引力搜索算法等。各国学者对优化问题的研究一直都没有间断。英国科学家在 17 世纪研究微积分的时候，就提出了极值这个概念。1939 年，苏联数学家 Kantorouicz 为了研究生产组织中的问题，进一步规划研究并发表了《生产组织与计划中的数学方法》等论文，而这篇论文是关于线性规划研究最早的文章。1947 年，法国数学家 Cauchy 研究了函数值沿哪个方向下降最快的问题，并在此基础上提出了"最快下降法"。以上提到的 3 种方法都可以称为传统的优化方法。传统的优化算法能够解决很多工程、社会、经济建设中的实际优化问题，但是传统方法尚存在一些问题，如遇到涉及因素多、规模大、难度高的优化问题时存在多个局部最优解，并且可能存在多个不同的全局最优解。例如，运输中的最优调度、资源最优分配、工程最优设计、农作物合理布局等。对于这些问题，无法借助传统的优化问题来解决，因为它在面对这些复杂问题时无能为力，无论是计算速度、收敛性还是初值敏感性等方面都不能满足需求。

20 世纪 80 年代以来，一些新颖的有别于传统的优化算法得到了迅速发展。人工神经网络（ANN）在一定程度上模拟了人脑的组织结构；遗传算法（GA）借鉴了自然界优胜劣汰的进化思想；模拟退火（SA）思路源于物理学中固体物质的退火过程。这些算法有个共同点：都是通过模拟或揭示某些自然界的现象和过程得到发展。在优化领域，有人将这类算法统称为智能优化算法。智能优化算法的产生在解决一些复杂问题时具有极强的应用性。从实际应用来看，智能优化算法不强行要求目标函数及约束条件的连续性，有些情况下，是否有表达式都不限制；同时，具有计算速度快、对计算中数据的不确定性具有比较强的适应能力等优势。这类算法目前发展较好的有遗传算法、蚁群算法及模拟退火算法等。

通过进化计算方法对动态系统进行优化研究，最早可追溯到 1966 年，但是直到 20 世纪 80 年代，众多学者才开始投入这一领域的研究。从此以后，对各种算法的不同改进方法不断涌现。在粒子群优化算法及其他计算智能类的方法中，对动态问题的描述通常体现在适应度函数曲面动态变化上。

动态环境的变化存在很多的可能性，如环境变化的不确定性、变化的幅值、变化频率、对于非连续变化下两次变化之间的周期间隔等。这些不确定因素和动态因素的存在，就要求寻优算法具有相应的灵活性来检测和响应环境的动态特性。

粒子群优化算法及其众多改进算法在许许多多的静态问题的优化上，已经被成功运用了很多次，但是，在现实中，很多问题的环境都是随时间的变化而变化的，同时，要求算法要对环境的变化做出敏捷的反应。对于动态优化问题的要求已经不再是在变化的环境中寻求一个最优解，而是在解空间中跟踪动态变化的最优点。从 2000 年开始，粒子群优化算法逐渐被运用于动态环境的优化问题中。到目前为止，粒子群优化算法在解决动态优化问题的研究仍然在进行中，并不断取得新的成就。本章在粒子群优化算法理论研究的基础上，对目前粒子群优化算法在动态问题上的应用进行进一步研究。

1.2 粒子群优化算法的起源及研究现状

1.2.1 粒子群优化算法的发展历史

粒子群优化算法（Particle Swarm Optimization，PSO）又称为微粒群优化算法，是智能优化算法的一种，源于对鸟群觅食过程中的迁徙和聚集的模拟。它收敛速度快、易实现，并且仅有少量参数需要调整，因而一经提出就成为智能优化与进化计算领域的一个新的研究热点，目前已经被广泛应用于目标函数优化、动态环境优化、神经网络训练、模糊控制系统等许多领域。其中，最具应用前景的领域包括多目标问题的优化、系统设计、分类、模式识别、生物系统建模、规划、信号处理、决策和模拟等。

PSO 是近些年时兴的一种进化算法。与其他进化算法比较，其容易实现、算法结构简单、收敛快、精度高等优势引起了计算机行业专家的注意。随着研究的细节化和深入化，发现 PSO 的前景广泛。学者和专家针对 PSO 提出了各种改进和优化的方法和方向，可以应用在以函数优化、模式分类、神经网络训练为主的各种领域。PSO 的理论背景是"人工生命"。人工生命（Artificial Life）是用来研究具有某些生命基本特征的人工系统，其中一个重要部分是利用生物技术来研究计算问题。PSO 的诞生来源于社会系统，社会系统的研究集中于简单个体组成的群落与环境之间的关系，以及个体之间的互动行为。群居个体以集体的力量进行觅食、御敌，单个个体只能完成简单的任务，而由单个个体组成的群体却能完成复杂的任务，这种群体所表现出来的群体智能，就被称为群体智能（Swarm Intelligence）。而从群居昆虫互相合作进行工作中得到启迪，研究其中的原理，并以此设计新的求解问题的算法被称为群体智能算法。

最早关于群体智能的研究是 C. Reynolds 在 1986 年所提出的一个用于模拟鸟类聚集飞行行为的仿真模型 Boid，该模型通过对现实世界中这些群体运动的观察，在计算机中复制和重建了这些运动轨迹，并实现了对这些运动进行抽象建模，以发现新的运动模式。意大利学者 A. Colorni、M. Dorig 和 V. Maniezzo 于 1992 年首先提出了蚁群算法，它是对蚂蚁群体采集食物过程的模拟，已成功用于许多离散优化问题。Millonas 在 1994 年提出了群体智能应该遵循的 5 条基本原则：①相似性原则（Proximity Principle）：群体能够进行简单相似的空间和时间计算；②品质响应原则（Quality Principle）：群体能够对环境中的各类品质因子做出响应；③多样性反应原则（Principle of Diverse Response）：群体的行动和响应范围不应太窄；④稳定性原则（Stability Principle）：群体不应在每次环境变化时都改变自身的行为；⑤适应性原则（Adaptability Principle）：在能够接受的计算代价内，群体必须能够在适当的时候合理改变自身的行为。以上原则说明，实现群体智能的智能个体必须能够在环境中表现自主性、反应性、学习性和自适应性等智能特性。但是，这并不代表群体中的每个个体都相当复杂，事实恰恰相反，群体智能的核心就是由众多简单个体组成的，群体能够通过相互之间的简单合作来实现某一较复杂的功能，完成某一较复杂的任务。其中，"简单个体"是指只具有简单能力或智能的单个个体，而"简单合作"是指个体与其邻近个体进行某种简单的直接通信或通过改变环境因素间接与其他个体通信，从而实现相互影响和协同合作。

PSO 是一种新型的群体智能算法，由 J. Kennedy 博士和 R. C. Eberhart 博士于 1995 年提出。PSO 源于对鸟群捕食行为的研究，与 GA 类似，是一种基于迭代的优化技术。系统初始化为一组随机解，通过迭代搜寻最优值。目前已广泛应用于函数优化、神经网络训练、数据挖掘、模糊系统控制及其他的应用领域。

PSO 是模拟鸟群的捕食行为。设想这样一个场景：一群鸟在随机搜寻食物。在这个区域只有一块食物。所有的鸟都不知道食物在哪里。但是它们知道当前的位置距离食物还有多远。那么找到食物的最优策略是什么呢？最简单有效的就是搜寻目前距离食物最近的鸟的周围区域。PSO 从这种模型中得到启示，并用于解决优化问题。在 PSO 中，每个优化问题的解都是搜索空间中的一只鸟，我们称为微粒。所有的微粒都有一个由被优化的函数决定的适应值，每个微粒还有一个速度，决定它的方向和位置。然后微粒就追随当前的最优微粒在解空间中搜索。PSO 初始化为一群随机微粒（随机解），然后通过迭代找到最优解。在每一次迭代中，微粒通过跟踪两个"极值"来更新自己。第一个就是微粒本身所找到的最优解，这个解叫作个体极值 Pbest；另一个极值是整个种群目前找到的最优解，这个极值是全局极值 Gbest。此外，也可以不用整个种群而只用其中一部分作为微粒的邻域，那么所有邻域中的极值就是局部极值，微粒始终跟随这两个极值变更自己的位置和速度，直到找到最优解。PSO 就是对鸟群相互合作、共享资源的行为进行模拟后所产生的群体智能。在这个模型中，将每个粒子都智能化，它们可以感知在全局最优解位置附近的粒子和在局部最优解位置附近的粒子。通过这些粒子的位置，来迭代调整自己下一刻要飞行的方向，使整个粒子群体现出智能性。尽管如此，由于 PSO 出现的时间相对较短，因此在理论研究和实际应用方面都尚未成熟，问题随之不断出现。

1.2.2　粒子群优化算法国内外研究现状

PSO 自提出以来，引起国际相关领域众多学者的关注，成为国际演化计算界研究的热点。PSO 是由 J. Kennedy 博士和 R. C. Eberhart 博士在 1995 年提出的，它源于对鸟群捕食行为的研究，PSO 与 GA 类似，是一种基于迭代的优化工具，同时也是一种基于群体的随机优化技术。众所周知，鸟群在自然界中运动的过程是离散的，排列看起来则是随机的，但是其中却蕴含着惊人的同步性。有一些研究者对鸟群运动的同步性非常感兴趣，于是对它们的运动进行了仿真操作，通过为个体设置简单的运动规则，来模拟整个群体的复杂行为。有一系列学者及研究人员对鸟群运动问题进行了详尽研究，并建立各种模型用以解决问题。PSO 具有参数少、概念简单和易于实现等优点。1995 年，题为 "Particle Swarm Optimization" 和 "A New Optimizer Using Particle Swarm Theory" 的两篇论文分别在 IEEE International Conference on Neural Networks 和 6th International Symposium on Micromachine and Human Science 的发表，标志着 PSO 的诞生。

PSO 存在早熟收敛现象和后期振荡现象。因此，很多学者都致力于提高 PSO 性能的研究，并提出了各种改进的算法。

首先，在 PSO 的收敛速度改进方面，为了加快收敛速度，提高算法的性能，Y. Shi 和 R. C. Eberhart 于 1998 年对 PSO 的速度项引入了惯性权重，并提出在进化过程中动态调整惯性权重以平衡收敛的全局性和收敛速度，该进化方程已被相关学者称为标准微粒群算法。2001 年，Y. Shi 又提出了自适应模糊调节惯性权重的 PSO，在对单峰函数的处理中取得了良好的效果，但无法推广。Clerc 于 1999 年在进化方程中引入收缩因子以保证算法的收敛性，同时使得速度的限制放松。有关学者已通过代数方法对此进行了详细的算法分析，并提出了参数选择的指导性建议。Angeline 借鉴进化计算中的选择概念，将其引入 PSO 中，通过比较各微粒的适应值淘汰差的微粒，而将具有高适应值的微粒进行复制，以产生等额的微粒来提高算法的收敛性。而 Lovbjerg 等人进一步将进化计算机制应用于 PSO，如复制、交叉等，给出了交叉的具体形式，通过仿真实验说明了算法的有效性。Berhg 通过使微粒群中的最佳微粒始终处于动态状态，得到了保证收敛到局部最优的 GCPSO，但其性能不佳。

其次，为了提高算法收敛的全局性，防止微粒陷入"早熟"，保证微粒的多样性是其关键。Suganthan 在标准 PSO 中引入了空间邻域的概念，将处于同一空间邻域的微粒构成一个子微粒群分别进化，并随着进化动态地改变选择阈值以保证群体的多样性；Kennedy 引入邻域拓扑的概念来调整增加邻域间的信息交流，提高群体的多样性。Lovbjerg 等人于 2001 年将 GA 中的子群体概念引入 PSO 中，同时引入繁殖算子以进行子群体的信息交流。Beasley 等提出的最初使用在 GA 中的序列生境技术可以系统地访问每一个全局值。其思想是在找到每一个极值后，都用下降函数来自适应地改变适应值函数，如此算法就不会再回到该值。虽然将序列生境技术引入 PSO 会带来诸如参数选择、引入更多局部极值等问题，但是该法能够枚举所有全局极值，在多目标优化问题上还是很有意义的。为了减少定位所有全局极值的花费，Parsopoulos 等将自适应改变目标函数方法应用到了 PSO 中。他提出一个两步的转化过程来改变目标函数，以防止 PSO 返回已经找到的局部极值。该方法能跳出局部最优，有效定位全局最优点，有助于 PSO 稳定收敛，虽然增加了计算量，PSO 的成功率却有明显的提高。但该方法不能枚举全部最优解。

最后，就是其他方面的改进。Bergh 于 2001 年提出了协同 PSO，其基本思想是用 N 个相互独立的微粒群分别在 D 维的目标搜索空间中的不同维方向上进行搜索。高鹰等于 2004 年提出了基于模拟退火的 PSO 和免疫 PSO。Higashi 等人分别提出了自己的变异 PSO，基本思路均是希望通过引入变异算子跳出局部极值的吸引，从而提高算法的全局搜索能力，得到较高的搜索成功率。除以上的 PSO 外，还出现了量子 PSO、耗散 PSO、自适应 PSO 等混合改进算法，也有采取 PSO 与基于梯度的优化方法相结合的 PSO。

PSO 被提出以来，吸引了各国学者的注意，期间经历了许多的变形和改进，为实际的应用指引了新的方向。从 2003 年 IEEE 第一届国际群体智能研讨会在美国召开，关于 PSO 的研究和应用成果的论文逐年增加，ISI 数据库收录有关 PSO 论文数量近年来呈指数增长趋势，这说明 PSO 的研究成为智能算法领域的一大热点。国外研究可以总结为 5 个方面：收敛性分析、参数分析与改进、种群拓扑结构改进、算法融合研究和 PSO 应用研究。其中，参数分析包括引进学习因子及惯性权重等，PSO 应用领域更是十分广阔，包括图像与视频分析、神经网络、信号处理等方面。

（1）理论研究现状

在 J. Kennedy 和 R. C. Eberhart 两位博士提出了 PSO 及其算法主循环中有关位置和速度的迭代公式之后，学者们对 PSO 理论的改进和优化研究也随之如火如荼地进行。在 1997 年，Y. Shi 和 R. C. Eberhart 的研究使得惯性权重 ω 第一次出现，也使得粒子群位置和速度更新公式的性能即寻优能力有所提升。粒子群所更新引用 ω 的公式，也变成了标准的 PSO 公式，更为广泛地被世人引用。紧接着，J. Kennedy 在标准 PSO 的基础上，提出了簇丛分析的方法。簇丛分析法是指在一群粒子中，选择一部分粒子所在的位置作为中心，并将处于中心位置的粒子和距离中心最近的 N 个粒子视为一簇，每一簇分别求解本身的中心位置，并用其代替原有的局部、全局最优解。经测试结果显示，利用各簇中心位置来代替 Pbest 和 Gbest 的值这一方法所得到的结果，只有部分函数的解有所提高和改进，而大部分函数的解反而变得更差。除此之外，虽然这一方法使得算法的收敛速度有所提升，然而其计算量之大，毫无疑问会造成许多额外时间的耗费。同在 1997 年，J. Kennedy 和 R. C. Eberhart 在深入研究了有关离散组合的优化问题后，提出了离散二进制算法。在离散二进制 PSO 中，速度更新公式没有改变，粒子由二进制编码构成，每个二进制位由算法主循环中的更新迭代公式产生相应速度。与此同时，每次更新的速度值都被转化成为概率的形式。2002 年，Clerc 对上述两位博士所提出的离散二进制 PSO 进行了推广，并提出了一种简化的 PSO，从对算法进行仿真实验的测试结果来看，其在给定空间内的寻优能力还算尽如人意。在 2004 年，高鹰等人研究出模拟退火 PSO 和免疫 PSO，这两种算法分别依据退火的思维逻辑和免疫系统，成功提升了算法的精度和收敛速度，大大提升了 PSO 的寻优性能。2007 年，King 博士将万有引力思维与 PSO 相结合，提出了基于万有引力模型的 PSO（表 1.1）。

表 1.1　PSO 理论研究现状

代表人物	时间	算法理论
J. Kennedy 和 R. C. Eberhart	1995	提出新的进化算法——PSO 及关于粒子在迭代过程中速度和位置的更新公式
Y. Shi 和 R. C. Eberhart	1997	提出动态的惯性权重 ω 这一新概念，并构成了位置、速度的标准的更新迭代公式
J. Kennedy	—	基于 PSO 提出了簇丛分析法
J. Kennedy 和 R. C. Eberhart	1997	提出离散二进制 PSO
Clerc	2002	推广了离散二进制 PSO，并提出了一种简化的 PSO
高鹰	2004	提出了模拟退火 PSO 和免疫 PSO
King	2007	提出了基于万有引力模型的 PSO

（2）应用研究现状

PSO 的出现，受到了许多学者的关注，并被广泛应用于各个领域的科学研究。早在 1999 年，即 PSO 提出后的第 4 年，提出人之一 R. C. Eberhart 博士便开始将其与神经元网络训练进行结合，用于分析医学上一些常见的颤抖性疾病。3 年后的 2002 年，Robinson 等人便将 GA 与 PSO 的优化效果进行了比较，同时研究将二者结合后的优化性能，并将其应用于剖面状天线的优化问题上。同在 2002 年，M. A. Abido 将 PSO 用于解决 OPF 问题。2006 年，葛晓慧和黄进提出了一种基于 PSO 的混沌控制器方法。2007 年，王雪峰与叶中行提出了一种新型的智能算法，用于求解有约束的最优投资组合问题，以及讨论了最优解的结果质量与 PSO 中参数选择的关系（表 1.2）。

PSO 广泛应用于许多学科，它的通用性很强，不会受限于某一种领域，反而具有很强的适应能力，适用于各种领域问题的求解。PSO 的主要应用领域：①约束优化；②函数优化；③电力系统；④机器人智能控制；⑤生物医学；⑥工程设计问题；⑦交通运输；⑧通信。

表 1.2 PSO 应用研究现状

代表人物	时间	算法应用
R. C. Eberhart	1999	将 PSO 与神经元网络训练进行结合，应用于医学上颤抖性疾病的分析
Robinson	2002	将 PSO 与 GA 进行比较，应用于剖面状天线的优化问题
M. A. Abido	2002	将 PSO 用于解决 OPF 相关问题
葛晓慧和黄进	2006	提出了一种基于 PSO 的混沌控制器方法
王雪峰和叶中行	2007	提出了一种新型的智能算法，用于求解有约束的最优投资组合问题

就国内而言，对 PSO 的研究起步较晚，深入研究相对有限，发表论文也不多。国内研究主要涉及以下几个方面：PSO 改进、PSO 理论研究、PSO 与其他算法的比较研究（如 GA 和 ACO 等）、PSO 应用研究。PSO 自提出以来，获得了很大的发展，不管是从本身的理论研究、改进研究等方面，还是从其实际应用方面。但是，PSO 的发展尚未成熟，依然有许多地方需要完善，许多潜在的性质等待挖掘，这需要在理论研究和实验相结合的基础上去完成。

第二章　标准粒子群优化算法

2.1　粒子群优化算法

粒子群优化算法（Particle Swarm Optimization，PSO）的基本思想是通过群体中个体之间的协作和信息共享来寻找最优解，它包含有进化计算和群体智能的特点。起初，J. Kennedy 和 R. C. Eberhart 只是设想模拟鸟群觅食的过程，但后来发现 PSO 是一种很好的优化工具。

设想这样一个场景：一群鸟在空间中随机搜索食物。在这个区域只有一块食物，所有的鸟都不知道食物在哪儿，但是它们知道自己当前的位置距离食物还有多远。那么找到食物的最优策略是什么？最简单有效的方法就是搜寻目前距离食物最近的鸟的周围区域，通过鸟之间的集体协作与竞争使群体达到目的。这是一种信息共享机制，在心理学中对应的是在寻求一致的认知过程中，个体往往记住它们的信念，同时考虑其他个体的信念。当个体察觉其他个体的信念较好的时候，它将进行适应性调整。PSO 就是从这种模型中得到启示，并用于解决优化问题的。

如果我们把一个优化问题看作在空中觅食的鸟群，那么在空中飞行的一只觅食的鸟就是 PSO 中在解空间进行搜索的一个"粒子"（Particle），也是优化问题的一个解。"食物"就是优化问题的最优解。粒子的概念是一个折中的选择，它只有速度和位置用于本身状态的调整，而没有质量和体积。"群"（Swarm）的概念来自人工生命，满足群体智能的 5 个基本原则。因此，PSO 也可以看作对简化了的社会模型的模拟，社会群体中的信息共享是推动算法的主要机制。

2.1.1　算法原理

J. Kennedy 和 R. C. Eberhart 提出的基本 PSO 可描述如下：设在一个 D 维的目标搜索空间中，有 m 个粒子组成一个群落，第 i 个粒子的位置用向量

$x_i = [x_{i_1}, x_{i_2}, \cdots, x_{i_D}]$ 表示，飞行速度用 $v_i = [v_{i_1}, v_{i_2}, \cdots, v_{i_D}]$ 表示，第 i 个粒子搜索到的最优位置为 $p_i = [p_{i_1}, p_{i_2}, \cdots, p_{i_D}]$，整个群体搜索到的最优位置为 $p_g = [p_{i_1}, p_{i_2}, \cdots, p_{i_D}]$，则用以下公式更新粒子的速度和位置：

$$v_i(n+1) = v_i(n) + c_1 r_1 (p_i - x_i(n)) + c_2 r_2 (p_g - x_i(n)) \qquad (2.1)$$

$$x_i(n+1) = x_i(n) + v_i(n) \qquad (2.2)$$

式中：$i = 1, 2, \cdots, m$，分别表示不同的粒子；c_1、c_2 为大于零的学习因子或称作加速系数，分别调节该粒子向自身已寻找到的最优位置和同伴已寻找到的最优位置方向飞行的最大步长，通常情况下取 $c_1 = c_2 = 2$；r_1、r_2 为介于 $[0, 1]$ 的随机数；n 为迭代次数，即粒子的飞行步数。将限定一个范围，使粒子每一维的运动速度都被限制在 $[-v_{\max}, v_{\max}]$ 之间，以防止粒子运动速度过快而错过最优解，这里的 $v_{\max}$ 根据实际问题来确定。当粒子的飞行速度足够小或达到预设的迭代次数时，算法停止迭代，输出最优解。

从社会学的角度来看，公式（2.1）的第一部分是"记忆"项，是粒子先前的速度，表示粒子当前的速度要受到上一次速度的影响；第二部分是"自身认知"项，是从当前点指向粒子自身最好点的一个矢量，表示粒子的动作来源于自己经验的部分，可以认为是粒子自身的思考；第三部分是"群体认知"项，是一个从当前点指向种群最好点的矢量，反映了粒子间的协同合作和信息共享。粒子正是通过自己的经验和同伴中最好的经验来决定下一步的运动。公式（2.1）中的第一部分起到了平衡全局和局部搜索能力的作用；第二部分使粒子拥有的局部搜索能力，能更好地开发解空间；第三部分体现了粒子间的信息共享，使粒子能在空间更广阔探索；只有在这三个部分的共同作用下，粒子才能有效地搜索到最好的位置。

2.1.2 算法流程

基本 PSO 的步骤如下。

Step1：初始化粒子群，包括群体规模、粒子的初始速度和位置等；

Step2：计算每个粒子的适应度（Fitness），存储每个粒子的最好位置 Pbest 和适应度，并从种群中选择适应度最好的粒子位置作为群体的 Gbest；

Step3：根据公式（2.1）和公式（2.2）更新每个粒子的速度和位置；

Step4：计算位置更新后每个粒子的适应度，将每个粒子的适应度与其以前经历过的最好位置时所对应的适应度比较，如果较好，则将其当前的位置作为该粒子的 Pbest；

Step5：将每一个粒子的适应度与全体粒子所经历过的最好位置 Gbest 比较，如果较好，则更新 Gbest 的值；

Step6：判断搜索结果是否满足算法设定的结束条件（通常为足够好的适应值或达到预设的最大迭代次数），如果没有达到预设条件，则返回 Step3，如果满足预设条件，则停止迭代，输出最优解。

PSO 流程见图 2.1。

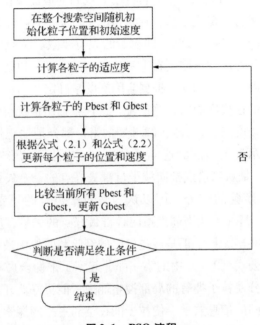

图 2.1　PSO 流程

2.2　标准粒子群优化算法简介

2.2.1　惯性权重

在基本 PSO 的基础上，Y. Shi 等学者在 1998 年的进化计算国际会议上发表了一篇题为 "A Modified Particle Swarm Optimizer" 的论文，对前文的公式（2.1）进行了修正，引入惯性权重 ω：

$$v_i(n+1) = \omega v_i(n) + c_1 r_1(p_i - x_i(n)) + c_2 r_2(p_g - x_i(n)) \qquad (2.3)$$

惯性权重 ω 是用来控制粒子先前速度对当前速度的影响，它将影响粒子的全局和局部搜索能力。选择一个合适的 ω 可以平衡全局和局部搜索能力，这样可以使算法以最少的迭代次数迅速找到最优解。初始时，Shi 将 ω 取为常数，后来实验发现，动态值必能获得比固定值更好的寻优结果。因为较小的 ω 必可加强局部搜索能力，而较大的 ω 可加快收敛速度，所以通过调节 ω，可以达到收敛速度和局部搜索能力间的平衡。动态的 ω 可以在 PSO 搜索过程中线性变化，也可根据 PSO 性能的某个测度函数动态改变。目前，采用较多的是 Shi 建议的线性递减权值（Linearly Decreasing Weight，LDW）策略：

$$\omega = \omega_{\max} - n \frac{\omega_{\max} - \omega_{\min}}{n_{\max}} \qquad (2.4)$$

式中：$\omega_{\max}$、$\omega_{\min}$ 分别为最大和最小惯性权重，n 为前迭代次数，$n_{\max}$ 为算法总的迭代次数。ω 常在 $[0.4, 0.9]$ 变化，随着迭代次数的增加而减少。ω 的线性变换使得算法在前期具有较快的收敛速度，而后期又有较强的局部搜索能力。ω 的引入使 PSO 性能有了很大提高，针对不同的搜索问题，可以调整全局和局部搜索能力，也使得 PSO 能成功应用于很多实际问题。因此，采用公式（2.4）的 PSO 被称为标准 PSO。

2.2.2 PSO 的特点

归纳起来，PSO 具有如下几个优点：
①算法原理简单明了、容易实现，不需要建立复杂的数学模型；
②算法具有较快的收敛速度及收敛精度；
③群体搜索，具有记忆力，保留局部和全局的最优解；
④协同搜索，同时利用个体局部信息和群体全局信息指导搜索。
虽然 PSO 是一种高效的智能算法，但是毕竟其发展时间不长，还有很多需要改进的地方，主要有以下几个方面：
①算法局部搜索能力较差，搜索精度不够高；
②算法容易陷入局部极值，并不能保证一定能搜索到全局最优解；
③算法对参数具有依赖性。
总体来说，PSO 具有一定的优点，是一种高效的算法，但是也存在很多不足，这就需要在未来的研究工作中不断改进现有的算法，提高算法的可行性和优越性。

2.3 粒子群优化算法基本流程

PSO 基本流程见表 2.1。

表 2.1 PSO 基本流程

步骤	动作	具体做法
Step1	初始化	在 D 维空间中随机产生粒子的位置和速度
Step2	评价粒子	对每一个粒子，评价 D 维优化函数的适应度
Step3	更新最优	①比较粒子适应度与它的个体最优值 Pbest，如果比 Pbest 好，则 Pbest 的位置就是当前粒子的位置；②比较粒子适应度与群体最优值 Gbest，如果目前值优于 Gbest，则设置 Gbest 的位置为当前粒子的位置
Step4	更新粒子	按照公式（2.1）去改变粒子的速度和位置
Step5	停止条件	循环回 Step2，直到终止条件满足。一般情况下，这个条件为达到足够好的适应度和最大迭代次数

PSO 基本流程见图 2.2。

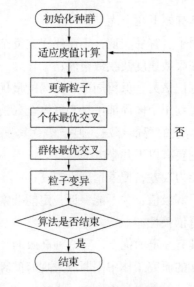

图 2.2 PSO 基本流程

2.4　标准粒子群优化算法

为了提高算法性能，Y. Shi 和 R. C. Eberhart 在 1988 年的论文中引入了惯性权重 ω，速度更新的方式变为：

$$v_{i_d} = \omega v_{i_d} + c_1 rand(\ )(p_{i_d} - x_{i_d}) + c_2 rand(\ )(p_{g_d} - x_{i_d}) \qquad (2.5)$$

ω 决定了粒子先前速度对当前速度的影响程度，从而起到平衡算法全局和局部搜索能力的作用。Y. Shi 和 R. C. Eberhart 通过实验得到权重 ω 的值是 $[0.9, 1.2]$，同时指出了 ω 的自适应策略，即随着迭代的进行，线性减少 ω 的值，这是目前使用最广泛的 PSO 标准算法。标准算法使得迭代初期，算法搜索能力较强，并不断搜索新的区域，随后收敛能力逐渐增强，使得算法在可能的最优解周围进行精细搜索。

这里引入最大惯性权重 $\omega_{\max}$ 和最小惯性权重 $\omega_{\min}$，$t_{\max}$ 为运行最大迭代次数，则惯性权重随迭代次数 t 变化的公式为：

$$\omega = \omega_{\max} - \frac{t}{t_{\max}}(\omega_{\max} - \omega_{\min}) \qquad (2.6)$$

Y. Shi 和 R. C. Eberhart 通过实验表明，当 ω 从 1.4 到 0.4 线性变化时，优化效果较好，但是，搜索过程并不是一个线性的过程，所以，惯性权重线性过渡的方法并不能正确反映真实的搜索过程。

2.5　粒子群优化算法组成要素

PSO 的组成要包括有关参数设置：种群大小 N、惯性权重 ω、学习因子 c_1 和 c_2、最大速度 $v_{\max}$ 等，以及算法设计中的相关问题，如收敛分析、邻域拓扑结构等。

（1）种群大小

种群大小 N 是一个整型参数，当 N 的值很小时，很容易陷入局部最优解。例如，当 $N = 1$ 时，PSO 变为一个基于个体搜索的技术，粒子一旦陷入局部最优解区域，将难以跳出。但是，当 N 的值过大时，又会将计算的时间大幅提升，同时产生其他的问题。因此，粒子群的搜索能力并不是一直随着粒子数目 N 的增加而增强的，当数目达到某一值时，继续增加粒子的数目，可能搜索能力并不会呈线性增加，或慢于原来的速度，甚至呈下降趋势。

（2）惯性权重

粒子寻优过程贯穿着开发和勘探两种方式：开发是指粒子在当前搜索范围继续更仔细地搜索；勘探则是指粒子从当前的优越轨迹转到新的轨迹去搜索寻找。而影响这两种模式的重要因素是 ω。所以，PSO 运行是否成功，取决于如何平衡粒子的开发能力和勘探能力，在不借助其他策略的前提下，通常由 ω 来维持这种平衡。

（3）学习因子

学习因子通常用 c_1 和 c_2 来表示，它的作用通常在于使得粒子有自我总结、向优秀个体学习的能力，一般情况下建议 $\phi = c_1 + c_2 \leqslant 4.0$，通常 $c_1 = c_2 = 2$。有人提出了一种自适应变更调整策略，c_1 随着迭代次数从 2.5 线性递减至 0.5，c_2 随着迭代次数从 0.5 递增至 2.5。

（4）最大速度

最大速度一般用 v_{max} 来表示，它将决定着在迭代过程中粒子运动的最大速度。v_{max} 越大，搜索能力越强，但是，很容易在过程中错过最优点；v_{max} 越小，搜索越细致，但很容易陷入局部最优解，不能自拔。所以，v_{max} 的设定通常为问题空间的 10% ~ 20%。此外，v_{max} 的值还可借助 ω 的调整来实现。

（5）收敛性分析

PSO 的收敛性可以从宏观、微观两个方面来分析。微观是指对单个粒子在空间的搜索轨迹进行追寻，并标绘出其运动的轨迹；而宏观就是对整个种群的行为进行研究，分析整体搜索过程，从而建立合理的模型。

（6）粒子空间初始化

在某种程度上，种群初始化空间和最优解的距离将影响粒子的收敛时间，所以，选择粒子的初始化空间显得尤为重要，但是这个选择在一定程度上跟问题本身的性质有关。

第三章　粒子群优化算法权重改进的策略研究

3.1　参数分析与选择

参数设置是粒子群优化算法（PSO）研究的一项重要内容，它对算法的优化结果有较大的影响。对于不同的优化问题，在取得最优结果时参数的设置往往是不完全相同的。无论在基本 PSO 还是在标准 PSO 中，都有一些参数需要设定，下面对其进行全面分析。

3.1.1　粒子种群数目 N

N 是整型参数，当 $N = 1$ 的时候，表示种群中只有一个粒子，PSO 变为基于个体搜索的技术，一旦陷入局部最优解，将不能跳出；当 N 设置较小时，算法收敛速度快，但是易陷入局部最优解；当 N 设置很大时，PSO 的优化能力很好，但是收敛速度非常慢。通常，N 是根据具体问题而设定的，一般设置在 10 ~ 50。其实对于大部分的问题，10 ~ 20 个粒子就可以取得很好的效果，而对于比较复杂的搜索空间或特定类型的问题，粒子数可以取到 100 或更大。然而，种群数目过大将导致计算时间大幅增加，并且当种群数目增长至一定水平时，再增加粒子数目将不再有显著的作用。

3.1.2　粒子最大速度 v_{max}

v_{max} 是一个非常重要的参数，决定问题空间搜索的力度。如果 v_{max} 较大，粒子的探索能力强，但是容易飞过优秀的搜索空间，错过最优解；如果 v_{max} 较小，粒子的开发能力强，但是容易陷入局部最优解，可能使粒子无法移动足够远的距离跳出局部最优，从而不能到达解空间的最佳位置。粒子在解空间的每一维上都有一个最大速度 v_{max}，用来对粒子的速度进行限制，使速度控制在 $[-v_{max}, v_{max}]$ 范围内，这也就决定了粒子在迭代中速度的变化范围。假设在搜索空间中，第 i 个粒子的第 D 维速度经过公式（2.3）更新后为 v_{i_D}，如果 $v_{i_D} \notin [-v_{max}, v_{max}]$，$v_{i_D}$ 将被限定为 $\pm v_{max}$。

3.1.3　学习因子 c_1、c_2

学习因子具有自我总结和向群体中优秀个体学习的能力，从而使粒子向群体内或邻域内的最优点靠近。c_1 和 c_2 分别调节粒子向个体最优和群体最优方向飞行的最大步长，决定粒子个体经验和群体经验对粒子自身运行轨迹的影响，反映粒子群体之间的信息交流。当学习因子值较小时，可能使粒子在远离目标区域内徘徊；而当学习因子较大时，可能使粒子迅速向目标区域移动，甚至越过目标区域。

如果 $c_1 = 0$，则粒子自身没有认知能力，只有群体的经验，即"只有社会（Social-only）"模型。在粒子相互作用下，算法有能力达到新的搜索空间。其收敛速度比标准算法更快，但碰到复杂问题，比标准算法更容易陷入局部极点。如果 $c_2 = 0$，则粒子没有群体共享信息，即"只有认知（Cognition-only）"模型。由于个体之间没有交互，一个规模为 m 的群体等价于 m 个独立的粒子运行，因而得到最优解的概率非常小。

如果 $c_1 = c_2 = 0$，则粒子将以当前速度飞行，直到边界。此时，由于粒子只能搜索有限的区域，故很难找到好解。因此，Y. Shi 和 R. C. Eberhart 建议，为了平衡随机因素的作用，一般情况下设置 $c_1 = c_2 = 2$，大部分算法都采用这个建议。不过在文献中也有其他的取值，但是一般 c_1 等于 c_2，并且范围为 $[0, 4]$。

3.1.4　迭代终止条件

迭代终止条件的设定需要根据具体的问题兼顾算法的优化质量和搜索效率等多方面性能。一般来说，当算法运行达到最大迭代次数、预设计算精度或可以接受的解时，算法停止迭代，输出最优解。

3.1.5　惯性权重 ω

惯性权重 ω 是 PSO 中非常重要的参数，可以用来控制算法的开发（Exploitation）和探索（Exploration）能力。惯性权重的大小决定了对粒子当前速度继承的多少。较大的惯性权重可以使粒子具有较大的速度，从而具有较强的探索能力；较小的惯性权重使粒子具有较强的开发能力。关于惯性权重的选择一般有常数和时变两种。算法的执行效果很大程度上取决于惯性权重的选取。

3.2　参数的选择

　　参数的选择将影响算法的性能和效率，如何确定最优参数使算法性能最佳，本身就是一个极其复杂的优化问题。由于参数空间的大小不同，而且各参数之间有一定的相关性，在实际的应用当中，并无确定最优参数的通用方法，只能凭借经验选取。通过仿真实验发现，参数对算法性能的影响是有一定规律可循的。上面的分析可为 PSO 参数选取提供理论上的指导和参考。

　　本实验中参数的选择如下。

　　①粒子的维数 D：D 也是整型参数。粒子的维数是根据具体问题的解空间的维数来确定的。

　　②本实验中分别测试了维度为 2 与 10 的两种条件。

　　③粒子空间的初始化：这是由具体问题决定的。较好地选择粒子的初始化空间，可以大大缩短算法的搜索时间，提高算法效率。

　　本实验中随机生成了粒子的初始位置和速度，r_1、r_2：是介于 $[0,1]$ 的随机生成的数，学习因子 c_1、c_2 均选择 2，粒子数目 N 选择 40，迭代次数选择 1000 代。

3.3　几种测试函数的简介

　　由 Griewank 函数图像（图 3.1）可得，该函数在一定的范围内得到最小值 0。

　　由 Rastrigin 函数图像（图 3.2）可得，该函数在一定的范围内得到最小值 0。

　　由 Schaffer 函数图像（图 3.3）可得，该函数在一定的范围内得到最小值 −1。

　　由 Ackley 函数图像（图 3.4）可得，该函数在一定的范围内得到最小值 0。

　　由 Rosenbrock 函数图像（图 3.5）可得，该函数在一定的范围内得到最小值 0。

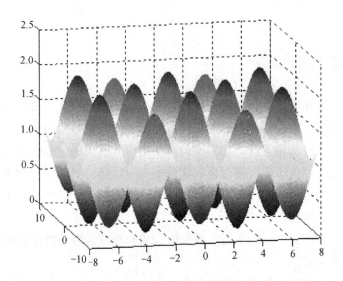

图 3.1　Griewank 函数图像

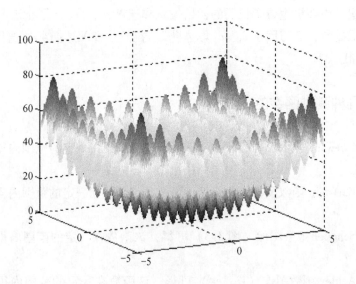

图 3.2　Rastrigin 函数图像

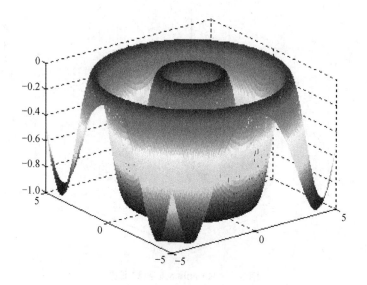

图 3.3 Schaffer 函数图像

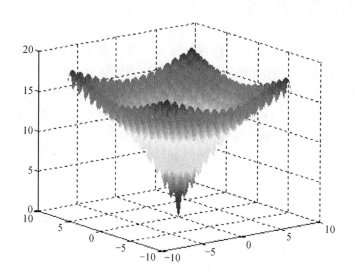

图 3.4 Ackley 函数图像

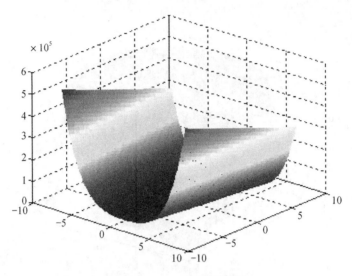

图 3.5　Rosenbrock 函数图像

3.4　3 种权重改进策略

在 PSO 可调节的参数中，惯性权重 ω 是重要的参数，在前面的参数分析中可知，较大的 ω 有利于提高算法的全局搜索能力，而较小的 ω 会增强算法的局部搜索能力，根据不同的权重变化公式，可得到不同的 PSO，常见的有线性递减权重（LinWPSO）策略、自适应权重（SAPSO）策略、随机权重（RandWPSO）策略，下面分别对其进行说明。

3.4.1　线性递减权重策略

（1）原理

由于较大的惯性权重有利于跳出局部极小点，便于全局搜索，而较小的惯性权重有利于对当前的搜索区域进行精确局部搜索，以利于算法收敛，因此针对 PSO 容易早熟及算法后期易在全局最优解附近产生震荡现象，可以采用线性变化的权重，让惯性权重从最大值 ω_{max} 线性减小到最小值 ω_{min}。ω 随算法迭代次数的变化公式为：

$$\omega = \omega_{max} - t\frac{\omega_{max} - \omega_{min}}{t_{max}} \qquad (3.1)$$

式中：ω_{max}、ω_{min} 分别表示 ω 的最大值和最小值，t 表示当前迭代次数，t_{max} 表示最大迭代次数，通常取 $\omega_{max} = 0.9$，$\omega_{min} = 0.4$。

（2）ω 变化曲线

ω 变化曲线见图 3.6。

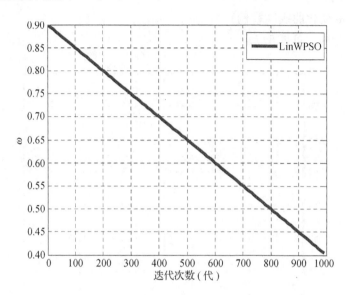

图 3.6　ω 变化曲线（LinWPSO）

3.4.2　自适应权重策略

（1）原理

为了平衡 PSO 的全局搜索能力和局部搜索能力，还可采用非线性的动态惯性权重系数公式：

$$\omega = \begin{cases} \omega_{min} - \dfrac{(\omega_{max} - \omega_{min})(f - f_{min})}{f_{avg} - f_{min}}, f \leqslant f_{avg} \\ \omega_{max}, f > f_{avg} \end{cases} \tag{3.2}$$

式中：ω_{max}、ω_{min} 分别表示 ω 的最大值和最小值，f 表示粒子当前的目标函数值，f_{avg} 和 f_{min} 分标表示当前所有粒子的平均目标值和最小目标值。在公式（3.2）中，惯性权重随着粒子的目标函数值而自动改变，因此称为自适应权重。

当各个粒子的目标值趋于一致或区域局部最优时，将使惯性权重增加，而各粒子的目标值比较分散时，将使惯性权重减小，同时对于目标函数值优于平均目标值的粒子，其对应的惯性权重因子较小，从而保护了该粒子；反之对于目标函数值差于平均目标值的粒子，其对应的惯性权重因子较大，使得该粒子向较好的搜索区域靠拢。

（2）ω 变化曲线（举例）

ω 变化曲线见图 3.7。

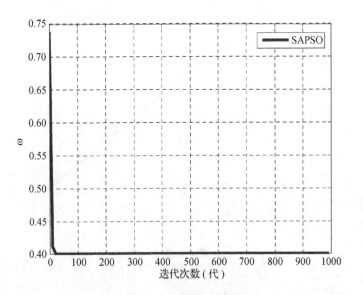

图 3.7　ω 变化曲线（SAPSO）

3.4.3　随机权重策略

（1）原理

将标准 PSO 中设定惯性权重 ω 为服从某种随机分布的随机数，这样在一定程度上可从两方面来克服 ω 的线性递减所带来的不足。

一方面，如果在进化初期接近最好点，随机 ω 可能产生相对小一点的 ω 值，加快算法的收敛速度；另一方面，如果在算法初期找不到最好点，ω 的线性递减使得算法最终收敛不到此最好点，而 ω 的随机生成可以克服这种局限。

ω 的计算公式如下：

$$\begin{cases} \omega = \mu + \sigma N(0,1) \\ \mu = \mu_{min} + (\mu_{max} - \mu_{min})rand(0,1) \end{cases} \qquad (3.3)$$

式中：$N(0,1)$ 表示标准正态分布的随机数，$rand(0,1)$ 表示 0 到 1 的随机数。

（2）ω 变化曲线（举例）

ω 变化曲线见图 3.8。

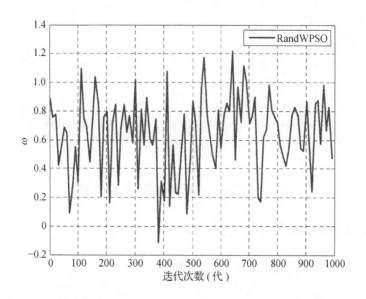

图 3.8　ω 变化曲线（RandWPSO）

3.5　测试 3 种权重改进策略

利用 3.3 节列举的 5 种测试函数，对线性递减权重（LinWPSO）、自适应权重（SAPSO）、随机权重（RandWPSO）3 种策略进行多次重复实验，测试结果取 10 次运行结果的平均值，实验中的参数在 3.2 节进行了详细说明。以下为所得进化曲线图像及数据结果。

3.5.1　Griewank 函数 3 种策略测试进化曲线

维度 $D = 2$ 的测试结果见图 3.9。

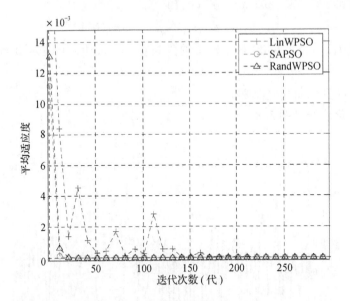

图 3.9 Griewank 函数测试结果 ($D=2$)

维度 $D=10$ 的测试结果见图 3.10。

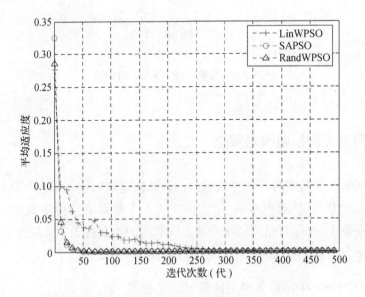

图 3.10 Griewank 函数测试结果 ($D=10$)

3.5.2 Rastrigin 函数 3 种策略测试进化曲线

维度 $D=2$ 的测试结果见图 3.11。

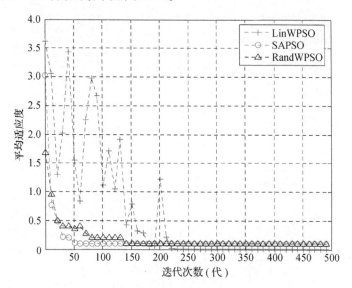

图 3.11　Rastrigin 函数测试结果 （$D=2$）

维度 $D=10$ 的测试结果见图 3.12。

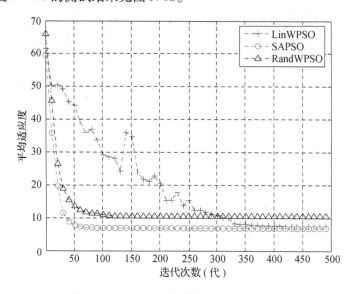

图 3.12　Rastrigin 函数测试结果 （$D=10$）

3.5.3 Schaffer 函数 3 种策略测试进化曲线

维度 $D=2$ 的测试结果见图 3.13。

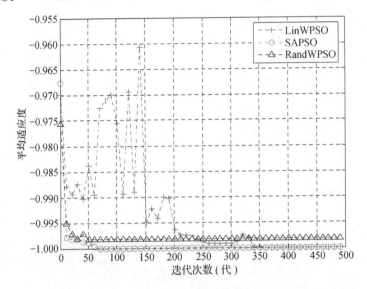

图 3.13　Schaffer 函数测试结果（$D=2$）

维度 $D=10$ 的测试结果见图 3.14。

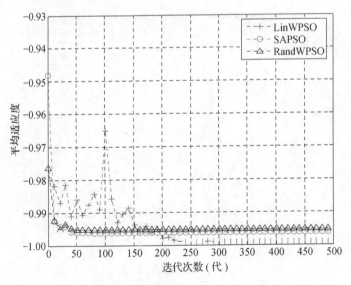

图 3.14　Schaffer 函数测试结果（$D=10$）

3.5.4　Ackley 函数 3 种策略测试进化曲线

维度 $D = 2$ 的测试结果见图 3.15。

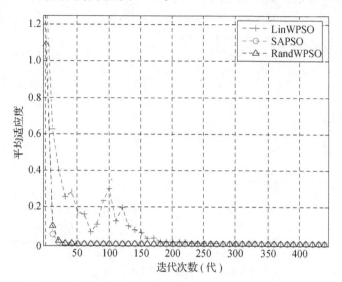

图 3.15　Ackley 函数测试结果（$D = 2$）

维度 $D = 10$ 的测试结果见图 3.16。

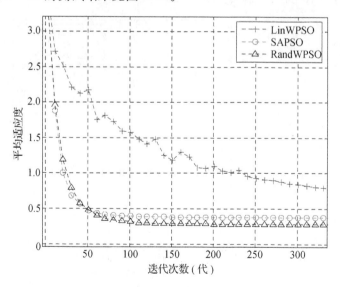

图 3.16　Ackley 函数测试结果（$D = 10$）

3.5.5 Rosenbrock 函数 3 种策略测试进化曲线

维度 $D=2$ 的测试结果见图 3.17。

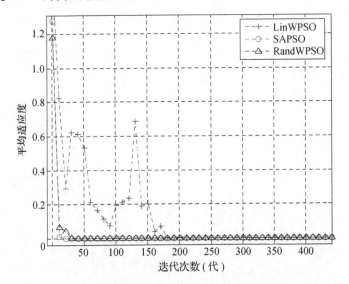

图 3.17　Rosenbrock 函数测试结果（$D=2$）

维度 $D=10$ 的测试结果见图 3.18。

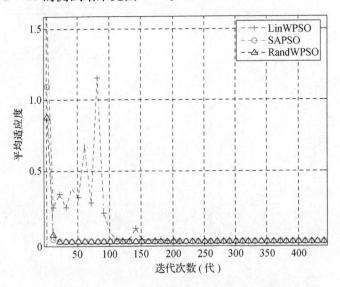

图 3.18　Rosenbrock 函数测试结果（$D=10$）

3.5.6 3种权重改进策略测试结果与结论分析

维度 $D=2$ 的测试结果见表3.1。

表3.1 3种权重改进策略测试结果与结论（$D=2$）

改进策略	测试函数	平均最优适应度	平均运行时间（s）	标准差
Griewank	LinWPSO	0	1.196	0
	SAPSO	0	1.557	0
	RandWPSO	0	1.193	0
Rastrigin	LinWPSO	0	1.075	0
	SAPSO	0.139	1.389	0.314 633
	RandWPSO	0.147	1.062	0.419 511
Schaffer	LinWPSO	−1.000	0.848	0.003 072
	SAPSO	−1.000	1.120	0.005 017
	RandWPSO	−0.995	0.857	0
Ackley	LinWPSO	0	1.276	0
	SAPSO	0	1.682	0
	RandWPSO	0	1.267	0
Rosenbrock	LinWPSO	0	0.736	0
	SAPSO	0	0.956	0
	RandWPSO	0	0.737	0

维度 $D=10$ 的测试结果见表3.2。

表3.2 3种权重改进策略测试结果与结论（$D=10$）

改进策略	测试函数	平均最优适应度	平均运行时间（s）	标准差
Griewank	LinWPSO	0	1.464	4.756 398e−008
	SAPSO	0	1.898	6.175 240e−005
	RandWPSO	0	1.468	3.958 067e−008

续表

改进策略	测试函数	平均最优适应度	平均运行时间（s）	标准差
Rastrigin	LinWPSO	10.172	1.259	2.930 492
	SAPSO	7.945	1.653	3.880 726
	RandWPSO	8.217	1.257	4.666 770
Schaffer	LinWPSO	−0.998	0.857	0
	SAPSO	−0.996	1.134	0.004 693
	RandWPSO	−0.995	0.857	0.004 096
Ackley	LinWPSO	0	1.423	0.557 927
	SAPSO	0.411	1.942	0.626 560
	RandWPSO	0.293	1.415	0.674 569
Rosenbrock	LinWPSO	0	0.745	0
	SAPSO	0	0.964	0
	RandWPSO	0	0.740	0

从上述测试结果可以得出如下分析与结论。

①改进策略的稳定性：由 3.5.6 的结果可知，在随机初始种群的情况下，重复运行 10 次，每次的运行结果没有较大的变化，所得最优解都在同一数量级内，差别较小。算法运行结果比较稳定。

②改进策略的优化效果：3 种改进算法都能很好地对函数进行优化，都能较稳定地向最优解区域收敛。其中，线性递减改进策略初期适应度的波动较大，与其 ω 呈线性变化相关，继承前一代速度较多，容易跳出某一局部进行搜索，因此波动较大。

③改进策略的收敛速度：由进化曲线可得，这 3 种改进策略中，自适应权重（SAPSO）改进策略的收敛速度较快。不同的函数运行中可能有特例，但在本次实验选取的 3 种改进策略中，SAPSO 在收敛速度上有较明显的优势。

④改进策略的运行时间：由 3.5.6 的结果可知，在进行的多次测试中，SAPSO 的运行时间都明显大于另外两种算法，因此在迭代次数较大且重复实验次数较多时，运行时间会产生较大区别。

　　总体来说，针对不同类型的测试函数及不同的维度等条件，不同的改进策略会有不同的收敛速度及收敛效果。例如，针对多峰值函数的策略，更需要搜索范围的广度，避免得到"早熟"的结果。因此，在权重改进策略的选择上，要具体问题具体分析，全面考虑问题的特点，以此来选择最适合策略。

　　另外，多个参数之间，不同的搭配也会有不同的效果，如何合理地选择、搭配各个参数，既是未来需要研究的课题，又是日后需要更深入思考与探索的方向。

第四章　动态粒子群优化算法

4.1　动态粒子群优化算法的流程

标准粒子群优化算法经过了初始化、计算适应度、更新粒子、个体最优交叉、群体最优交叉的操作，逐渐逼近最优位置。在动态环境中，迭代中记忆的最优位置和全局最优位置对应的适应度值是变化的，使得粒子陷入对先前环境的寻优，因此来说，基本的粒子群优化算法难以在动态环境下完成寻优操作。为了跟踪动态极值，需要对基本的粒子群算法进行两方面的改造：①引入探测机制，使得粒子群可以感知外部环境的变化情况；②引入响应的机制，在探测到环境发生了改变之后，用某种响应方式对粒子群进行更新操作，以此来适应新的环境状况。

动态环境是指最优值及最优位置随时间而变化的环境，它可以用来测试算法的动态响应能力，R. C. Eberhart 和 Y. Shi 根据环境变化状况，定义了4 种动态环境（表4.1）。

表 4.1　动态环境种类

序号	名称	内容
1	DE1	只是最优位置发生变化
2	DE2	最优位置保持不变，最优值发生变化
3	DE3	最优值和最优位置都发生变化
4	DE4	对于复杂的高维系统，最优值、最优位置的变化，可能发生在某一维或若干维，可能是统一的或是独立的

基于动态粒子群优化算法的动态规划算法流程如图4.1 所示。

种群在初始化种群模块初始化粒子位置和粒子速度；初始化敏感粒子模块是初始化敏感粒子的粒子位置；适应度值计算是指计算粒子在当前情况下的适应度值；在粒子进化模块，则会根据当前的个体最优和种群最优更新粒

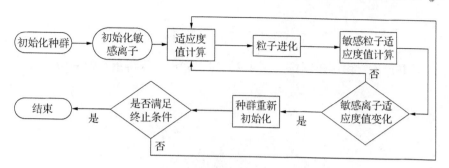

图4.1　动态粒子群优化算法流程

子的位置及速度；敏感粒子适应度值计算模块根据当前环境计算敏感粒子适应度值；种群重新初始化模块是指当敏感粒子适应度值变化超过阈值时，按照一定的比例重新初始化种群中粒子的位置和速度。

　　粒子和敏感度粒子的适应度值计算公式为：

$$fitness(i) = positionx(i) + positiony(i) \qquad (4.1)$$

式中：$fitness(i)$ 是粒子的适应度值，$positionx(i)$ 和 $positiony(i)$ 是 i 的位置，由公式（4.1）可以看出，当粒子位置对应高度越高时，适应度越好。

4.2　测试实验

　　参数对算法性能的影响是有一定规律可循的。上面的分析可为粒子群优化算法的参数选取提供理论上的指导和参考。本实验中算法的基本参数选择为：粒子空间的初始化，本实验中随机生成了粒子的初始位置和速度，其中 $v_{max} = 5$，$v_{min} = -5$，粒子数目 N 选择为 20，迭代次数选择为 100 代，$\omega = 0.2$，$c_1 = c_2 = 1.4995$。

　　本实验设计旨在用后文介绍的 10 个测试函数，经过多次的实验，选择收敛情况较好的结果，来对比动态粒子群优化算法（DPSO）与标准粒子群优化算法（PSO）的收敛性。在本实验中，算法参数设置完全相同。

4.2.1　测试函数介绍

　　本研究将要用到 10 个测试函数，介绍如下。

（1）F1：Schwefel 函数

函数公式：

$$f(x) = \sum_{i=1}^{n} - x_i \sin(\sqrt{|x_i|}) \tag{4.2}$$

函数最值：由函数图像（图 4.2）可以看出，取得最小值 -10。

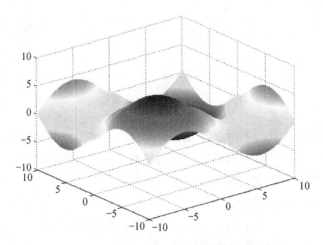

图 4.2　函数 F1 三维图像

（2）F2：Michalewicz 函数

函数公式：

$$f(x) = - \sum_{i=1}^{n} \sin(x_i) \left(\sin\left(\frac{ix_i^2}{\pi} \right) \right)^{2m} \tag{4.3}$$

函数最值：由函数图像（图 4.3）可以看出，取得最小值 -2。

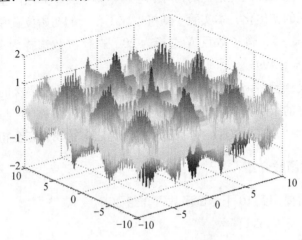

图 4.3　函数 F2 三维图像

（3）F3：Diagonal 5 函数

函数公式：

$$f(x) = \sum_{i=1}^{n} \log(\exp(x_i) + \exp(-x_i)) \tag{4.4}$$

函数最值：由函数图像（图4.4）可以看出，取得最小值0。

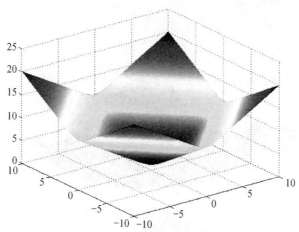

图4.4　函数 F3 三维图像

（4）F4：Extended Penalty 函数

函数公式：

$$f(x) = \sum_{i=1}^{n-1} (x_i - 1)^2 + (\sum_{j=1}^{n} x_j^2 - 0.25)^2 \tag{4.5}$$

函数最值：由函数图像（图4.5）可以看出，取得最小值0。

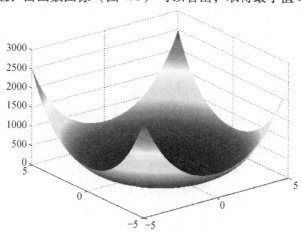

图4.5　函数 F4 三维图像

（5）F5：Extended Quadratic Penalty QP 2 函数

函数公式：

$$f(x) = \sum_{i=1}^{n-1} (x_i^2 - \sin x_i)^2 + (\sum_{i=1}^{n} x_i^2 - 100)^2 \qquad (4.6)$$

函数最值：由函数图像（图 4.6）可以看出，取得最小值 1.5。

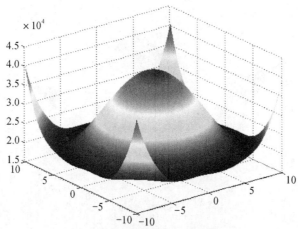

图 4.6 函数 F5 三维图像

（6）F6：Full Hessian FH 3 函数

函数公式：

$$f(x) = (\sum_{i=1}^{n} x_i)^2 + \sum_{i=1}^{n} (x_i \exp(x_i) - 2x_i - x_i^2) \qquad (4.7)$$

函数最值：由函数图像（图 4.7）可以看出，取得最小值 -1。

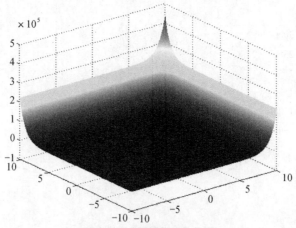

图 4.7 函数 F6 三维图像

（7）F7：Harkerp 2 函数

函数公式：

$$f(x) = \left(\sum_{i=1}^{n} x_i \right)^2 - \sum_{i=1}^{n} \left(x_i + \frac{1}{2} x_i^2 \right) + 2 \sum_{j=2}^{n} \left(\sum_{i=j}^{n} x_i \right)^2 \qquad (4.8)$$

函数最值：由函数图像（图4.8）可以看出，取得最小值 -1。

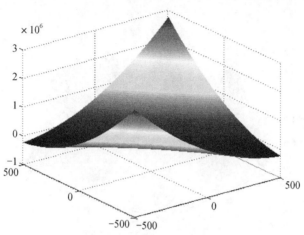

图4.8　函数 F7 三维图像

（8）F8：f_{10} 函数

函数公式：

$$f_{10}(x) = -20\exp\left(-0.2 \sqrt{\frac{1}{n} \sum_{i=1}^{n} x_i^2} \right) - \exp\left(\frac{1}{n} \sum_{i=1}^{n} \cos(2\pi x_i) \right) + 20 + e \qquad (4.9)$$

函数最值：由函数图像（图4.9）可以看出，取得最小值 0。

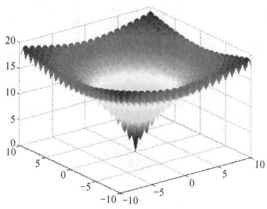

图4.9　函数 F8 三维图像

（9）F9：f_{11} 函数

函数公式：

$$f_{11}(x) = \frac{1}{4000} \sum_{i=1}^{n} (x_i)^2 - \prod_{i=1}^{n} \cos\left(\frac{x_i}{\sqrt{i}}\right) + 1 \qquad (4.10)$$

函数最值：由函数图像（图 4.10）可以看出，取得最小值 0。

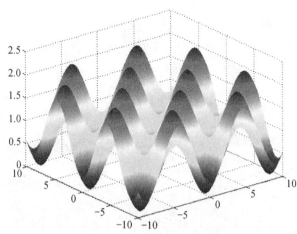

图 4.10　函数 F9 三维图像

（10）F10：Extended Trigonimetric 函数

函数公式：

$$f(x) = \sum_{i=1}^{n} \left(\left(n - \sum_{j=1}^{n} \cos x_j \right) + i(1 - \cos x_i) - \sin x_i \right)^2 \qquad (4.11)$$

函数最值：由函数图像（图 4.11）可以看出，取得最小值 0。

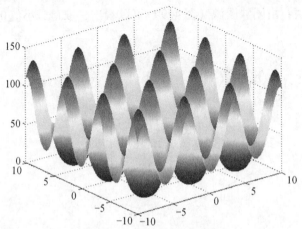

图 4.11　函数 F10 三维图像

4.2.2　DPSO 和 PSO 不同测试函数的收敛曲线

（1）在既定条件下用 F1 测试的收敛结果（图 4.12）

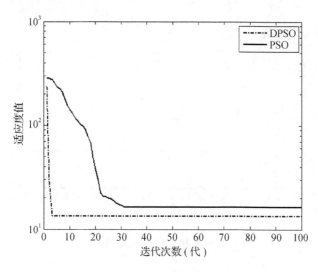

图 4.12　F1 测试结果

（2）在既定条件下用 F2 测试的收敛结果（图 4.13）

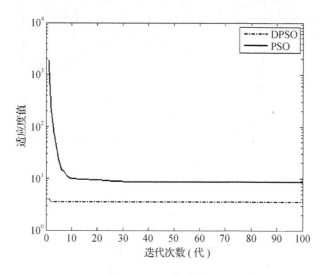

图 4.13　F2 测试结果

（3）在既定条件下用 F3 测试的收敛结果（图 4.14）

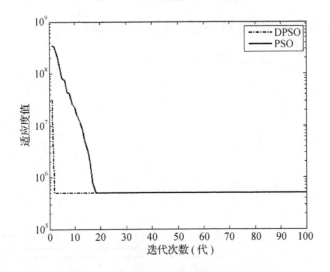

图 4.14　F3 测试结果

（4）在既定条件下用 F4 测试的收敛结果（图 4.15）

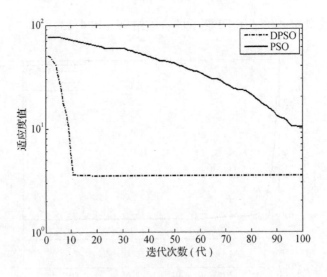

图 4.15　F4 测试结果

（5）在既定条件下用 F5 测试的收敛结果（图 4.16）

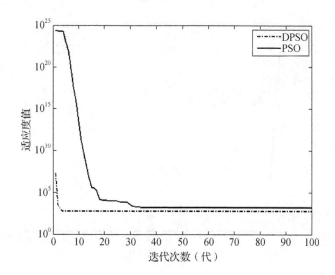

图 4.16　F5 测试结果

（6）在既定条件下用 F6 测试的收敛结果（图 4.17）

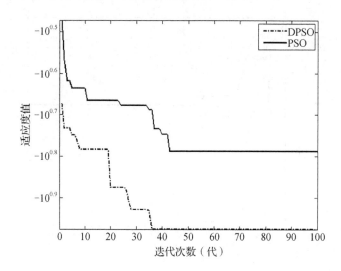

图 4.17　F6 测试结果

（7）在既定条件下用 F7 测试的收敛结果（图 4.18）

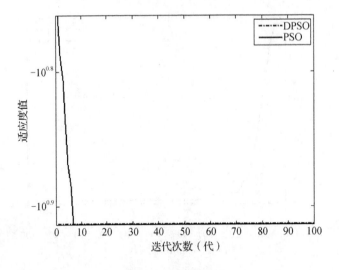

图 4.18　F7 测试结果

（8）在既定条件下用 F8 测试的收敛结果（图 4.19）

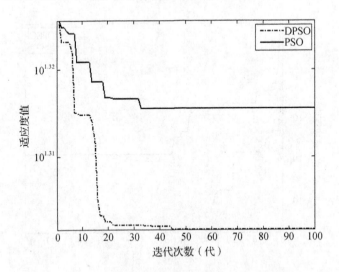

图 4.19　F8 测试结果

（9）在既定条件下用 F9 测试的收敛结果（图 4.20）

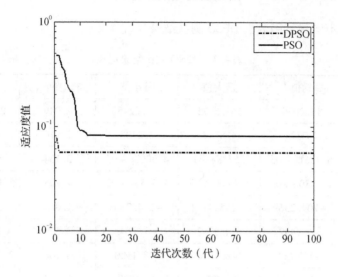

图 4.20　F9 测试结果

（10）在既定条件下用 F10 测试的收敛结果（图 4.21）

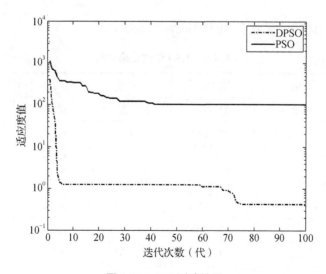

图 4.21　F10 测试结果

4.2.3　DPSO 和 PSO 不同测试函数的结果记录

（1）不同测试函数下 DPSO 测试结果（表4.2）

表4.2　DPSO 测试结果记录

函数指数	均值	最大值	最小值	运行时间（s）	方差
F1	17.2020	168.5873	15.6245	2.949	234.1505
F2	4.2372	4.8747	4.2305	2.910	0.0042
F3	6.4361e+05	1.5778e+07	4.9067e+05	3.134	1.5287e+06
F4	1.7880e+05	1.7634e+07	2.3555e+03	2.805	3.1086e+12
F5	−204.2369	−155.4772	−204.7665	1.880	24.3662
F6	−6.9492	−4.9252	−7.7642	2.679	0.6890
F7	−8.1920	−8.1920	−8.1920	3.468	2.8686e−29
F8	20.2990	21.0055	20.1239	2.854	0.0595
F9	0.0829	0.0966	0.0827	2.479	1.9300e−06
F10	1.3882	102.9279	0.1333	3.174	109.9871

（2）不同测试函数下 PSO 测试结果（表4.3）

表4.3　PSO 测试结果记录

函数指数	均值	最大值	最小值	运行时间（s）	方差
F1	60.5334	321.7175	33.8214	0.305	4.2207e+03
F2	55.8014	4.4674e+03	7.0623	0.316	1.9922e+05
F3	1.9172e+07	3.8587e+08	4.9501e+05	0.299	4.7249e+15
F4	6.1042e+27	3.0308e+29	1.7287e+05	0.287	1.8183e+57
F5	−132.6532	−76.1395	−136.5471	0.205	135.2019
F6	−5.1445	−2.8888	−5.4438	0.300	0.2622
F7	−8.0786	−4.7284	−8.1920	0.342	0.2680
F8	20.7997	21.1109	20.6454	0.324	0.0078
F9	0.1701	1.2036	0.1440	0.255	0.0145
F10	26.8942	250.6372	3.2413	0.182	3.0607e+03

从以上实验结果基本可以得到以下实验结论。

①从收敛速度来看：在相同的参数设置情况下，动态粒子群的收敛速度快于普通粒子群的收敛速度。就本实验中种群的大小 $N = 20$ 时，动态粒子群迭代 10 代左右就趋于收敛，而标准粒子群优化算法则收敛的速度较慢，甚至有时候迭代到 100 代仍然没有收敛。

②从收敛效果来看：动态粒子群的收敛结果比普通粒子群的收敛结果更接近于最佳适应度值。本实验选取的函数都是有最小值的函数，通俗地说，当曲线收敛越低时，收敛效果越好。从实验结果可以看出，动态粒子群的收敛曲线基本都在普通粒子群的收敛曲线之下，即动态粒子群的收敛结果更好一些，它的值接近于最佳适应度值。

③从运行速度来看：大多数情况下，PSO 的运行速度快于 DPSO。

4.3　实际路径与算法路径对比

DF1 函数是动态环境中常用的标准测试函数。本实验设计旨在利用 DF1 函数，对 DPSO 和 PSO 在动态环境中的寻优能力进行比较。分别经过 10 多次迭代实验，选择收敛性较好的一次实验结果，将寻优的结果与 DF1 函数的理论最优路径比较。

4.3.1　测试函数介绍——DF1 函数

函数公式：

$$F(x,y) = \max_{i=1,2,\cdots,N} = \left(H_i - R_i \sqrt{(X - X_i)^2 + (Y - Y_i)^2} \right) \quad (4.12)$$

参数介绍：N 表示峰数；(X_i, Y_i) 决定各个峰的位置；

$X_i \in [-1.0, 1.0]$，$Y_i \in [-1.0, 1.0]$；峰值为 H，$H_i \in [H_{base}, H_{base} + H_{range}]$，$H_{base}$ 为峰值最小值，H_{range} 为峰值变化范围；峰的斜率为 R_i，$R_i \in [R_{base}, R_{base} + R_{range}]$，$R_{base}$ 为斜率最小值，R_{range} 为斜率变化范围。峰的变化状态可以根据参数设置而变化。

函数图像：图 4.22 和图 4.23 分别为迭代之前和最后一次迭代结束时的函数图像。

DF1 函数本实验参数设计：

模型中本来有两个锥体，假设一个为 cone1，另一个为 cone2。其中，

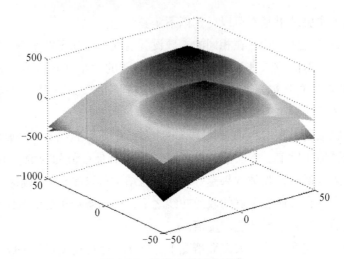

图 4.22 迭代之前函数图像

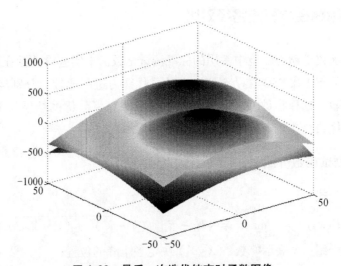

图 4.23 最后一次迭代结束时函数图像

cone1 保持不变，cone2 的顶点位置和峰高会不断变化。

①cone1：高 H 为 500，顶点位置 (20, 20)；

②cone2：顶点位置 (20, -20)，初始高度 600，但是高度和顶点位置是不断变化的；

③变化次数为 800 次；

④变化规律为：前 300 次，每迭代 3 代降低 1，最终降低为 500，顶点位置由 (-20, 20) 逐渐变为 (0, -20)；之后 300 次迭代中，每迭代 10

代升高 3，最终升高为 530，顶点位置保持不变；最后 200 次迭代，顶点的高度 H 不变，顶点位置由（0，-20）变为（20，-20）。

4.3.2 仿真结果

（1）标准粒子群优化算法仿真结果对比（图 4.24）

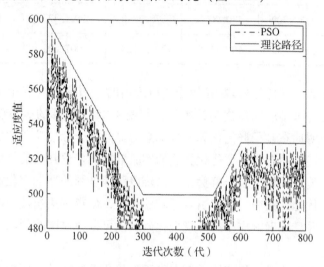

图 4.24 标准粒子群优化算法仿真结果

（2）动态粒子群优化算法仿真结果对比（图 4.25）

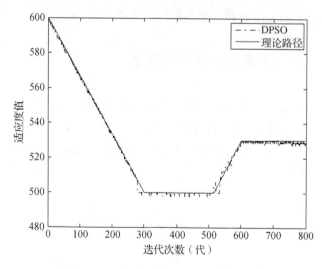

图 4.25 动态粒子群优化算法仿真结果

4.3.3 测试结果记录（表4.4）

表4.4 动态函数下两种算法的测试结果记录

算法	均值	最大值	最小值	运行时间（s）	方差
DPSO	478.1309	530.0000	378.2080	5694.477	478.1309
PSO	314.9233	402.1118	208.9123	6007.002	2.1514e+03

从图4.24可以得出：在寻找最适应度值时，与标准的值相比，它总是在周边徘徊，很难准确地找到最优值；而图4.25与实际的极值变化曲线基本重合，说明动态粒子群优化算法寻优能力显然优于标准粒子群优化算法。

综上所述，动态粒子群优化算法的实验数据更接近真实的最优值。在动态变化的环境里，标准粒子群优化算法难以跟踪全局的环境变化情况。而在动态粒子群优化算法中，由于引入了敏感粒子，使得算法迭代中可以探测到环境变化，并且准确响应动态环境变化，所以可以时时跟踪到动态全局最优状况。

通过以上实验及分析表明：动态粒子群优化算法在动态环境中的寻优能力强于标准粒子群优化算法；另外，动态粒子群优化算法"迭代次数—适应度值"图与本身的极值变化图基本吻合，可以推断出，动态粒子群优化算法本身在动态环境中的寻优能力是比较好的。

4.4 种群大小对收敛结果的影响测试

本实验旨在通过多次重复实验，研究不同的种群大小对动态粒子群优化算法和标准粒子群优化算法收敛状况的影响。种群大小设置值分别为20、60、120、500。算法参数设置与4.2节实验相同，测试函数使用4.2.1小节介绍的10个函数。

4.4.1　不同函数的收敛结果曲线

（1）F1 函数（图 4.26）

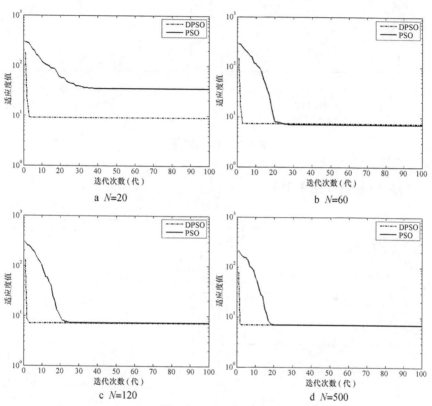

a　$N=20$　　　　　　　　　　b　$N=60$

c　$N=120$　　　　　　　　　　d　$N=500$

图 4.26　F1 测试结果

（2）F2 函数（图 4.27）

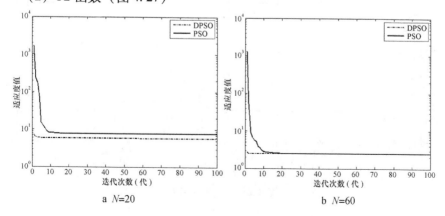

a　$N=20$　　　　　　　　　　b　$N=60$

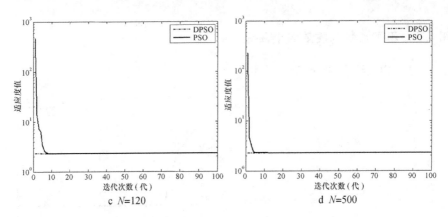

c N=120   d N=500

图 4.27   F2 测试结果

（3）F3 函数（图 4.28）

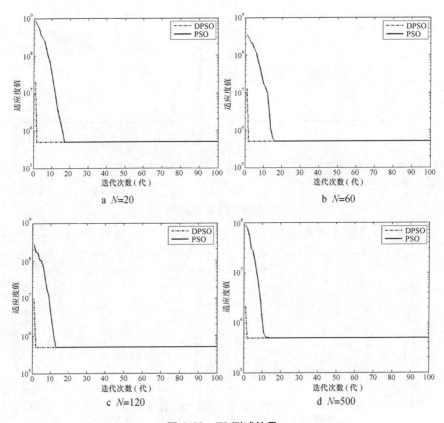

a N=20   b N=60

c N=120   d N=500

图 4.28   F3 测试结果

（4）F4 函数（图 4.29）

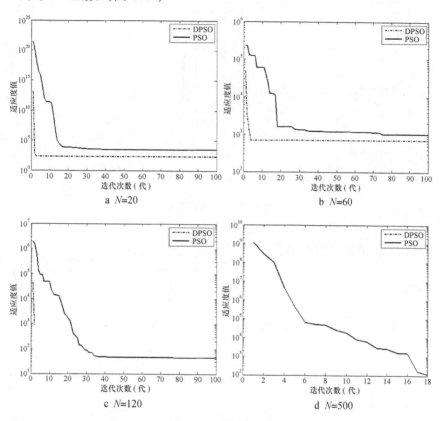

a N=20

b N=60

c N=120

d N=500

图 4.29 F4 测试结果

（5）F5 函数（图 4.30）

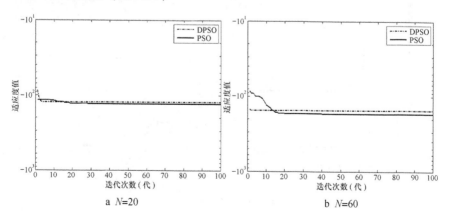

a N=20

b N=60

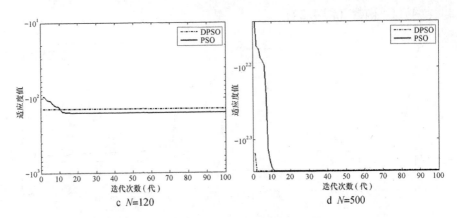

c N=120　　　　　　　　　　d N=500

图 4.30　F5 测试结果

（6）F6 函数（图 4.31）

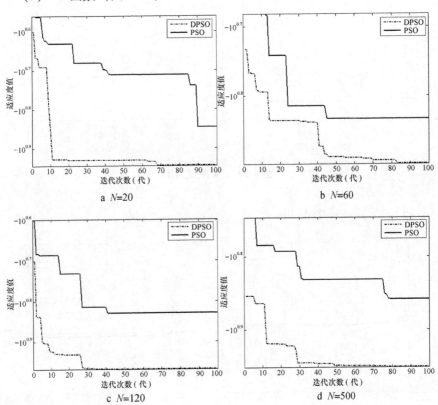

a N=20　　　　　　　　　　b N=60

c N=120　　　　　　　　　　d N=500

图 4.31　F6 测试结果

（7）F7 函数（图 4.32）

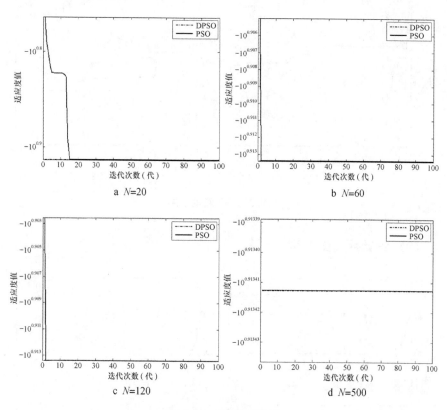

a　$N=20$

b　$N=60$

c　$N=120$

d　$N=500$

图 4.32　F7 测试结果

（8）F8 函数（图 4.33）

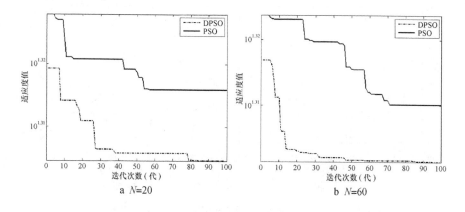

a　$N=20$

b　$N=60$

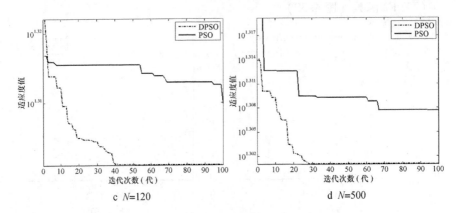

图 4. 33 F8 测试结果

（9）F9 函数（图 4.34）

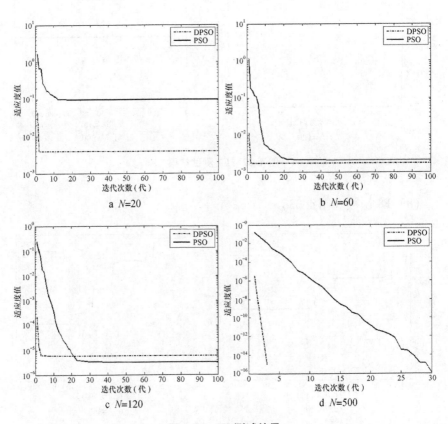

图 4. 34 F9 测试结果

（10）F10 函数（图 4.35）

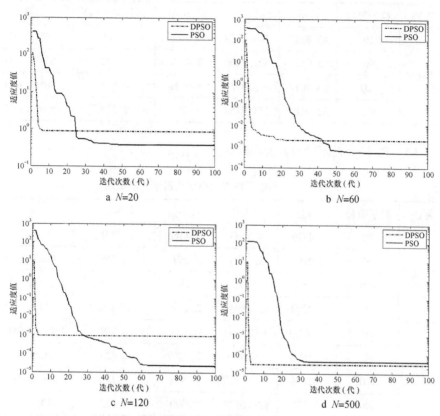

图 4.35　F10 测试结果

4.4.2　不同函数的测试结果记录

（1）F1 函数在不同种群大小时的测试结果（表 4.5）

表 4.5　**F1 函数下种群大小变化影响实验记录**

算法	粒子数目	均值	最大值	最小值	运行时间(s)	方差
DPSO	20	16.0981	175.7009	14.3608	1.461	261.3133
	60	8.7917	141.6033	7.3575	3.366	180.7800
	120	7.8892	101.3518	6.9317	6.628	89.1438
	500	7.5527	69.0418	6.9315	26.282	38.5768

续表

算法	粒子数目	均值	最大值	最小值	运行时间(s)	方差
PSO	20	45.8153	249.6084	18.8227	0.168	$4.0852e+03$
	60	33.6511	321.7260	7.4938	0.435	$4.8717e+03$
	120	24.7012	245.3958	6.9318	0.815	$2.4655e+03$
	500	22.0184	234.7753	6.9315	2.778	$1.9355e+03$

（2）F2 函数在不同种群大小时的测试结果（表 4.6）

表 4.6　F2 函数下种群大小变化影响实验记录

算法	粒子数目	均值	最大值	最小值	运行时间(s)	方差
DPSO	20	6.4739	8.7463	6.4366	1.301	0.0695
	60	2.2892	2.3035	2.2891	3.368	$2.0662e-06$
	120	2.2893	2.3047	2.2891	7.828	$2.4254e-06$
	500	2.2890	2.2893	2.2890	27.692	$8.7319e-10$
SO	20	27.4213	$1.0751e+03$	14.0218	0.152	$1.1365e+04$
	60	12.0251	859.8030	2.9859	0.423	$7.3358e+03$
	120	4.2104	183.5878	2.2890	0.788	328.8074
	500	4.2177	189.0227	22890	2.742	348.7533

（3）F3 函数在不同种群大小时的测试结果（表 4.7）

表 4.7　F3 函数下种群大小变化影响实验记录

算法	粒子数目	均值	最大值	最小值	运行时间(s)	方差
DPSO	20	$8.0028e+05$	$3.7736e+07$	$4.9382e+05$	1.308	$1.3870e+13$
	60	$6.5788e+05$	$1.7208e+07$	$4.9067e+05$	5.044	$2.7948e+12$
	120	$5.5158e+05$	$6.5383e+06$	$4.9110e+05$	8.563	$3.6569e+11$
	500	$4.9022e+05$	$5.0330e+05$	$4.9009e+05$	29.665	$1.7469e+06$
PSO	20	$2.4165e+07$	$4.7915e+08$	$2.2233e+06$	0.149	$6.3115e+15$
	60	$1.4291e+07$	$3.6523e+08$	$4.9072e+05$	0.498	$2.7891e+15$

算法	粒子数目	均值	最大值	最小值	运行时间(s)	方差
PSO	120	8.5578e+06	2.2082e+08	4.9103e+05	0.833	1.1026e+15
	500	1.5280e+06	2.1879e+07	4.9009e+05	2.896	1.5374e+13

（4）F4 函数在不同种群大小时的测试结果（表4.8）

表4.8　F4 函数下种群大小变化影响实验记录

算法	粒子数目	均值	最大值	最小值	运行时间(s)	方差
DPSO	20	8.2891e+08	8.2891e+10	163.3091	1.543	6.8709e+19
	60	686.6551	5.0005e+04	143.9066	4.681	2.4959e+07
	120	267.3830	5.0040e+04	−260.6102	7.067	2.5321e+07
	500	−3.2830e+03	6.7476e+03	−3.4407e+03	31.135	1.1557e+06
PSO	20	9.7860e+17	1.9804e+19	655.2742	0.157	1.5507e+37
	60	9.1652e+03	1.1694e+05	508.0254	0.460	6.3494e+03
	120	1.2742e+04	2.3660e+09	−156.4104	0.804	2.2163e+09
	500	4.4620e+03	1.5392e+05	−3.6730e+03	3.174	7.4305e+08

（5）F5 函数在不同种群大小时的测试结果（表4.9）

表4.9　F5 函数下种群大小变化影响实验记录

算法	粒子数目	均值	最大值	最小值	运行时间(s)	方差
DPSO	20	−135.3075	−117.4408	−135.5107	1.877	3.2844
	60	−217.1593	−197.0888	−217.3944	4.883	4.1856
	120	−179.4674	−175.4107	−179.5146	6.892	0.1707
	500	−200.5445	−199.5740	−200.5543	29.544	0.0096
PSO	20	−129.9195	−92.5728	−134.7003	0.202	135.5743
	60	−115.0256	−90.2517	−117.1307	0.473	35.9917
	120	−191.1844	−106.0888	−198.6828	0.766	502.0823
	500	−235.3726	−159.2552	−240.8296	2.713	351.5875

（6）F6 函数在不同种群大小时的测试结果（表4.10）

表 4.10　F6 函数下种群大小变化影响实验记录

算法	粒子数目	均值	最大值	最小值	运行时间(s)	方差
DPSO	20	− 6.2905	− 4.1517	− 6.6591	2.334	0.2010
	60	− 7.1546	− 5.1413	− 7.9086	4.986	0.6299
	120	− 7.7229	− 5.7733	− 8.0947	7.665	0.2453
	500	− 8.1724	− 6.4027	− 9.3677	31.911	0.6711
PSO	20	− 5.6949	− 3.9328	− 6.4991	0.214	1.0035
	60	− 5.9297	− 4.2812	− 6.2200	0.426	0.0887
	120	− 6.5559	− 3.4624	− 7.4297	0.810	0.6527
	500	− 7.2961	− 5.6466	− 8.4233	3.287	0.5292

（7）F7 函数在不同种群大小时的测试结果（表4.11）

表 4.11　F7 函数下种群大小变化影响实验记录

算法	粒子数目	均值	最大值	最小值	运行时间(s)	方差
DPSO	20	− 8.1920	− 8.1920	− 8.1920	2.384	$1.2749e − 29$
	60	− 8.1920	− 8.1920	− 8.1920	4.394	$7.9683e − 29$
	120	− 8.1920	− 8.1920	− 8.1920	11.935	$1.2479e − 29$
	500	− 8.1920	− 8.1920	− 8.1920	42.194	$5.0997e − 29$
PSO	20	− 8.1409	− 3.9795	− 8.1920	0.259	0.1848
	60	− 8.1706	− 6.0472	− 8.1920	0.534	0.0460
	120	− 8.1751	− 6.5068	− 8.1920	1.146	0.0284
	500	− 8.1920	− 8.1920	− 8.1920	4.313	$2.8686e − 29$

（8）F8 函数在不同种群大小时的测试结果（表4.12）

表 4.12　F8 函数下种群大小变化影响实验记录

算法	粒子数目	均值	最大值	最小值	运行时间(s)	方差
DPSO	20	20.4910	21.1773	20.1246	2.119	0.0513
	60	20.1707	21.1476	20.0012	5.399	0.0695

算法	粒子数目	均值	最大值	最小值	运行时间(s)	方差
DPSO	120	20.0817	21.0032	10.0001	14.911	0.0329
	500	20.0333	20.2324	20.0000	37.493	0.0052
PSO	20	20.8459	21.2423	20.4500	0.243	0.0661
	60	20.8072	21.1278	20.6978	0.569	0.0223
	120	20.5243	20.9424	20.2977	1.131	0.0353
	500	20.4634	20.6870	20.2969	3.291	0.0196

（9）F9 函数在不同种群大小时的测试结果（表4.13）

表 4.13　F9 函数下种群大小变化影响实验记录

算法	粒子数目	均值	最大值	最小值	运行时间(s)	方差
DPSO	20	0.1441	0.1685	0.1438	1.100	$6.1591e-06$
	60	$2.8492e-04$	0.0010	$2.7709e04$	6.25	$5.5295e-09$
	120	$1.8490e-05$	$6.3271e-04$	$1.2087e-05$	9.575	$3.8526e-09$
	500	$1.1346e-07$	$1.1346e-05$	0	27.490	$1.2874e-12$
PSO	20	0.1935	1.9396	0.1472	0.151	0.0492
	60	0.0140	0.4634	0.0014	0.726	0.0036
	120	0.0075	0.3021	$2.1647e-05$	1.010	0.0017
	500	0.0025	0.1696	0	2.611	$3.2620e-04$

（10）F10 函数在不同种群大小时的测试结果（表4.14）

表 4.14　F10 函数下种群大小变化影响实验记录

算法	粒子数目	均值	最大值	最小值	运行时间(s)	方差
DPSO	20	3.1224	305.2880	0.0147	3.092	931.6232
	60	1.4772	142.5392	0.0263	7.139	203.0873
	120	0.5588	55.7180	$1.9094e-06$	9.123	31.0434
	500	6.6096	3.0502	$1.6692e-30$	51.197	0.0930

续表

算法	粒子数目	均值	最大值	最小值	运行时间(s)	方差
PSO	20	88.6389	845.2094	0.7037	0.350	4.1823e+04
	60	32.0594	579.3459	0.0036	0.533	1.1406e+04
	120	14.6193	413.6471	8.8258e−04	0.991	3.4575e+03
	500	6.6096	204.1469	2.7951e−05	4.204	811.4204

从以上实验结果可以得到以下结论。

①从收敛速度来看：一般情况下，对于动态粒子群优化算法，收敛速度较快，并且收敛速度与种群大小 N 的变化没有明显的关系；对于标准粒子群优化算法，在少部分情况下，算法收敛速度与种群大小 N 有关系，但是并不明显，大多数情况下，收敛速度与种群大小 N 没有太大关系。总体来看，种群大小跟算法收敛速度没有太大关系，并且不管粒子数目多少，动态粒子群优化算法的收敛速度始终比标准粒子群优化算法快。

②从收敛效果来看：对于动态粒子群优化算法，当种群大小 N 变大时，收敛的结果更接近于最优值，当种群数目为 20～500 时，种群大小 N 越大，越能接近最优值，收敛效果越好，种群数目更大时，此结论是否成立并不确定；对于标准粒子群优化算法，同样也是种群数目越大时，收敛效果越好。总体来看，在一定范围内，种群大小 N 越大时，收敛效果越好，并且随着迭代次数的增加，标准粒子群优化算法的收敛结果逐渐靠近动态粒子群优化算法的收敛结果。这就说明，对于粒子群优化算法，种群数目较多时，收敛性更好一些。

③从运行时间来看：当种群大小 N 变大时，运行速度会变慢。

第五章　多目标粒子群优化算法

标准粒子群优化算法源自针对社会系统进行模拟，在系统的科学研究和社会实践中受到了广泛的应用。粒子群优化算法的优势参数较少，实现起来并不复杂，并且方便理解，其在给定目标空间内的寻优能力极强。除此之外，标准粒子群优化算法也是一种良好的优化工具。

5.1　标准粒子群优化算法

5.1.1　算法原理

搜索空间范围内的每一只鸟，都在粒子群优化算法中被称为一个粒子，所有的粒子都在这个搜索空间中追寻最优解，那么它们如何来寻找呢？粒子每一次搜索最优解的过程都是根据其目前的速度及所对应的适应度值来决定的。每代粒子位置的更新方式如图5.1所示。

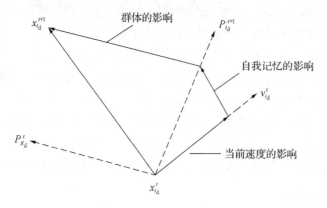

图5.1　每代粒子位置的更新方式

图5.1中 x 为粒子的起始位置，v 为粒子速度，p 为粒子搜索到的最优位置。

粒子群优化算法在进行初始化时，会随机产生指定规模大小的粒子，随后通过主循环公式来更新粒子的速度和位置，并筛选出粒子的个体极值（$Pbest$）和全局极值（$Gbest$）。个体极值即为粒子本身搜寻到的最优解，全局极值即为整个种群所搜寻到的最优解，二者缺一不可。

以下为粒子群优化算法的描述。假设在一个给定的搜索空间内，空间维数为 D，种群规模为 N，空间内第 i 个粒子的位置记为：

$$X_i = (x_{i_1}, x_{i_2}, x_{i_3}, \cdots, x_{i_d}), i = 1,2,3,\cdots,N \tag{5.1}$$

第 i 个粒子的速度，记为：

$$v_i = (v_{i_1}, v_{i_2}, v_{i_3}, \cdots, v_{i_d}), i = 1,2,3,\cdots,N \tag{5.2}$$

第 i 个粒子当前历史位置的最优值记为粒子的个体极值，记为：

$$Pbest = (p_{i_1}, p_{i_2}, p_{i_3}, \cdots, p_{i_d}), i = 1,2,3,\cdots,N \tag{5.3}$$

整个种群当前搜寻到的最优值为粒子的全局极值，记为：

$$Gbest = (p_{g_1}, p_{g_2}, p_{g_3}, \cdots, p_{g_d}) \tag{5.4}$$

在个体极值和全局极值都被找到时，进入主循环，根据以下公式更新自己的速度和位置：

$$v_{i_d} = \omega \times v_{i_d} + c_2 r_2 (p_{i_d} - x_{i_d}) + c_2 r_2 (p_{g_d} - x_{i_d}) \tag{5.5}$$

$$x_{i_d} = x_{i_d} + v_{i_d} \tag{5.6}$$

在上述公式中，N 为种群中粒子个数，粒子个数也称种群规模。目标搜索空间随着种群规模的扩大而扩大，而运行所需时间也随着种群规模的扩大而延长。ω 为惯性权重。r_1、r_2 的取值范围为 $[0,1]$ 的随机数，c_1、c_2 被称为学习因子，也称加速常数，一般相等且取 2 左右的值。

以下三部分组成了公式（5.5）：第一部分为 $\omega \times v_{i_d}$，称为"惯性"部分，表示粒子在历史历程中上一次飞行的速度，反映粒子在先前的飞行趋势；第二部分为 $c_1 r_1 (p_{i_d} - x_{i_d})$，称为"认知"部分，表示粒子对自己所经历的历史记忆的认知，代表粒子有正在向自身个体最优方向逼近的趋势；第三部分为 $c_2 r_2 (p_{g_d} - x_{i_d})$，称为"社会"部分，粒子间历史信息相互分享的特点就映射在这一部分，代表粒子有在向全局最优位置逼近的趋势。

5.1.2 算法流程

粒子群优化算法的步骤如下。

Step1：初始化粒子群，包括参数如惯性权重、学习因子、加速系数、种群规模、速度和位置的取值范围；

Step2：根据目标函数计算种群中各个粒子的适应度值 Fit，并初始化粒子的个体极值（$Pbest$）和全局极值（$Gbest$）；

Step3：进入算法主循环，根据公式（5.5）和公式（5.6）计算粒子新的速度和新的位置；

Step4：重新根据目标函数计算粒子的新的适应度值；

Step5：针对每个粒子，用本身的适应度值 Fit 与其个体极值 $Pbest$ 做比较，若 $Fit > Pbest$，则用 Fit 来替换 $Pbest$；

Step6：用粒子本身的适应度值 Fit 与种群中的全局极值 $Gbest$ 做比较。若 $Fit > Gbest$，则用 Fit 来替换 $Gbest$；

Step7：与算法的结束条件做对比，若满足停止条件，则停止搜索并输出搜索结果，否则转向 Step3 继续搜索。

粒子群优化算法流程见图5.2。

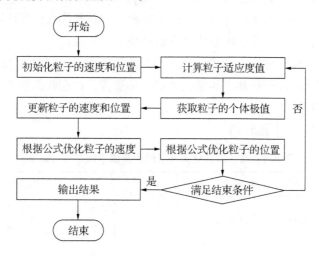

图5.2　粒子群优化算法流程

5.1.3　全局模式和局部模式

全局模式的粒子群优化算法就是上文提到的，即根据粒子的个体极值和全局极值来更新迭代自己的速度方向。而局部模式也称局部版本粒子群优化算法，除了个体极值以外，还利用了局部最优解而非全局极值。那么如何来搜索局部最优解呢？粒子所拥有的领域会随着迭代更新次数的增加而扩大，呈现出逐步扩散的趋势。假定粒子在迭代之前，邻域为0，在迭代一次后，邻域在扩大，如此往复，最终会扩展到全局（即整个搜索空间）为邻域。

粒子只需在每次的邻域内搜索局部最优解，无须每次更新都搜索全局。

局部模式粒子群优化算法以两种方式划分邻域。一是将粒子基于一种拓扑结构中进行编号来划分邻域，有不同模式，如环形、随机环形等。但以这种方法编号的粒子所划分的位置与粒子实际在给定目标搜索空间内的位置并不对应，因此，Suganthan 提出了第二种划分邻域的方式，即依据粒子在空间内的欧式距离来选取邻域。

5.1.4　粒子群优化算法与遗传算法的比较

（1）共同点

一是都是基于对自然界生物的模仿或社会系统中种群行为的研究而产生的随机寻优算法。粒子群优化算法基于模仿鸟类对食物的搜索；遗传算法是根据生物进化中"适者生存"的定律而研究出来的。

二是算法的搜索能力都具有很强的随机性。粒子群优化算法算法公式均带有随机数，而遗传算法的遗传操作也都属于随机操作。

三是粒子群优化算法和遗传算法都是在整个可行空间内寻找最优解。

四是都无法百分百确定能够收敛到全局最优，存在收敛速度慢和陷入局部最优解的可能。

（2）不同点（表5.1）

表5.1　粒子群优化算法与遗传算法不同点对比结果

	粒子群优化算法	遗传算法
经验方面	最优信息都有所保存	不存在历史记忆，历史信息随着种群的不断改变而被破坏
共享程度	只共享粒子当前的最优解，并且在整个流程中都始终跟随粒子最优解	染色体间彼此互通全部信息，使得整个种群能够相对均匀地飞往最优解所在区域
编码操作	无须编码，并且没有交叉和变异操作	需要简单的编码技术和遗传操作
收敛性方面	目前简化版的定向收敛性分析，但距离转化为随机性还有一定的距离	存在研究较深、较成熟的收敛性分析方法，并且可以对收敛速度进行估计
应用方面	主要应用于连续问题	不仅可以应用于连续问题，还可应用于离散问题

5.2　改进的粒子群优化算法

5.2.1　混沌粒子群优化算法

对混沌优化方法与粒子群优化算法进行混合的对比互补研究，进而造就了混沌粒子群优化算法。解决了粒子群优化算法易陷入局部最优解的问题，加之粒子群优化算法本身所具有的收敛速度迅速、收敛精度高等特点，成功完善了粒子群优化算法的性能和空间搜索能力。将混沌优化方法中的混沌迭代式提取出来放入粒子群优化算法中，组成了如今的混沌粒子群优化算法，也称为 CPSO。

5.2.2　协同粒子群优化算法

协同粒子群优化算法是由 Van 博士等人提出的，其基本原理如下：在维度为 D 的空间内，用 N 个彼此独立、相互没有影响的粒子群去分别优化每一空间维度，使得每一个维度的解都分有一个粒子群去优化，在所有子群的信息相互迁移和共享的基础上，完成协同进化。

与基本的粒子群优化算法相比，协同粒子群优化算法在粒子群优化算法的基础上，引入了一个参数 k，用以将每个因子分割成一部分数。因此，在计算适应度值时，需要将各部分量整合在一起，形成一个完整的因子，再将其带入函数中继续计算。

5.2.3　免疫粒子群优化算法

免疫粒子群优化算法是指粒子群优化算法基于一个免疫系统，被称为 IM-PSO。免疫系统中由于有免疫记忆的存在，使得算法的收敛性能会有所提升。免疫系统中抗体的多样性，也同样提升了算法的空间搜索能力，使得粒子免于陷入局部最优解。免疫粒子群优化算法的流程如下：

粒子群初始化，粒子总数为 N，利用下述迭代公式产生 N 个粒子：

$$v_{i_d}^{k+1} = v_{i_d}^k + c_2 r_1 (p_{i_d}^k - x_{i_d}^k) + c_2 r_2 (p_{g_d}^k - x_{i_d}^k) \qquad (5.7)$$

$$x_{i_d}^{k+1} = x_{i_d}^k + v_{i_d}^{k+1} \qquad (5.8)$$

随机产生的新粒子个数为 M，迭代公式后产生的粒子个数为 N，将二者带入下述求解 $D(x_i)$ 的公式中，进行浓度的选择，之后将 $M+N$ 个粒子择优筛

选出 N 个粒子作为新的粒子种群：

$$D(x_i) = \frac{i}{\sum_{j=1}^{N+M} |f(x_i - f(x_j))|}, i = 1,2,3\cdots,N+M \qquad (5.9)$$

$$P(x_i) = \frac{\frac{1}{d(x_i)}}{\sum_{i=1}^{N+M} \frac{1}{D(x_i)}} = \frac{\sum_{j=1}^{N+M} |f(x_i) - f(x_j)|}{\sum_{i=1}^{N+M} \sum_{j=1}^{N+M} |f(x_i) - f(x_j)|}, i = 1,2,3,\cdots,N+M$$

$$(5.10)$$

式中：x 代表第 i 个粒子，$f(x)$ 代表第 i 个粒子的适应度值。

5.2.4　离散二进制粒子群优化算法

离散二进制粒子群优化算法的速度位置更新公式与标准粒子群优化算法的更新迭代公式有所区别，其公式如下：

$$x_{i_d}^{k+1} = v_{i_d}^{k+1} = v_{i_d}^k + r_1(p_{i_d} - x_{i_d}^k) + r_2(p_{g_d} - x_{i_d}^k) \qquad (5.11)$$

$$\text{If } \rho_{i_d}^{k+1} < sig(v_{i_d}^{k+1}) \text{ then } x_{i_d}^{k+1} = 1; \text{else } x_{i_d}^{k+1} = 0 \qquad (5.12)$$

式中：$sig(v_{i_n}^{k+1}) = \dfrac{1}{1 + \exp(-v_{i_n}^{k+1})}$ 是速度的 Sigmoid 函数，用来表示位置状态更改的可能性；$\rho_{i_d}^{k+1} \in [0,1]$ 是随机矢量 $\rho_{i_d}^{k+1}$ 的第 n 维分量；粒子位置的状态为 $(0,1)$ 两种。

5.3　多目标优化问题

优化主要由 3 要素组成，即目标函数、未知变量、约束条件。

目标函数：指将实际要进行求解的问题转化为数学模型，即函数的形式来表示，也就是被要求求解最大值或最小值的量。

未知变量：指在目标函数中还未可知的变量，未知变量可以通过自身取值的大小来影响目标函数的值。求解优化问题，就是在给定空间内搜寻能最大限度地满足目标函数最大化或最小化的未知变量的取值。

约束条件：指在给定空间内搜寻能使目标函数最大限度地被满足的未知变量时，对未知变量的一些限定和限制，称为约束条件。每个优化问题往往都会存在相应的约束条件，并且同时会给出未知变量的取值范围。

总体来说，对优化问题理解如下：在满足未知变量约束条件的搜索空间中，搜索能够符合目标函数值要求的未知变量，以得出目标函数的最优值。这里的最优值是指能够最大限度地满足目标函数的值。

根据以上 3 要素的不同特征，将优化问题分为以下类别。

根据目标函数是否呈线性，可以分为线性和非线性优化问题；根据未知变量的数量，可以分为单变量和多变量优化问题；根据约束条件是否存在，可以分为无约束和有约束优化问题。研究最多的便是根据目标函数的数量分为单目标和多目标优化问题。

仅仅包含一个目标函数的优化问题称为单目标优化问题，超出一个目标函数则称为多目标优化问题。由于多目标优化中存在的目标函数并非是单独存在的个体，目标函数间相互关联、相互影响，并且处于一个多方共同竞争的状态。因此，在寻优时，不能只针对其中一个或几个目标函数寻优，这样会导致存在另一个目标函数往最劣方向发展的可能。在求解多目标函数时，就相当于一个减缓、最小化不同目标函数之间矛盾的过程，使得所有的目标函数都能最大限度地被满足。在多目标优化问题的求解过程中，会遇到两个重要的概念：非劣解和非劣解集。

非劣解：在目标空间内，不存在另外一个解，使得空间中所有目标属性都能够进一步地被满足、被优化，则该解称为多目标优化问题的非劣解。非劣解集：上述所有非劣解所构成的集合就称为非劣解集。

在使用多目标优化模型解决问题时，非劣解集是无法被直接使用的。只能选择其中一个解为最终解。关于最终解的筛选有以下三种方法：一是非劣解生成法，即在生成一个非劣解集后，再根据决策者的意愿去集合中做选择；二为交互法，即依据决策者的想法，在逐步生产非劣解的同时，筛选最优解；三是根据决策者对每个目标函数的重视程度有一个粗劣的排序，随后将多目标转化为单目标，再进行求解。

5.3.1 多目标数学模型

多目标优化问题是指将要求解的优化问题中，有一个以上的目标函数，并且需要同时对所有的目标函数进行寻优。在现实生活中，我们所遇到的大多数问题都可以映射到多目标的数学模型中，如证券的投资组合问题、多目标背包问题等。

多目标优化问题的一般描述：

$$\min y = F(x) = (f_1(x), f_2(x), \cdots, f_m(x))^T \qquad (5.13)$$

$$\begin{cases} \text{s. t.} & g_i(x) \leqslant 0, i = 1,2,3,\cdots,q \\ & h_j(x) = 0, j = 1,2,3,\cdots,p \\ & x_{\min} < x_i < x_{\max} \end{cases} \quad (5.14)$$

式中：x 在公式（5.13）中表示 n 维的决策空间，m 表示目标函数的个数，每个目标函数 $f(x)$ 都为 m 维的目标矢量。$g_i(x) \leqslant 0$ 表示对第 i 个不等式的约束条件，i 的范围是 $[1,q]$；$h_j(x) = 0$ 代表对第 j 个等式的约束条件，j 的取值范围为 $[1,p]$；$x_{\min}$ 表示 x 向量的下限，$x_{\max}$ 表示 x 向量的上限。

5.3.2 帕累托最优

如图 5.3 所示的优化问题，$A_1 < B_1$ 且 $A_2 > B_2$，说明目标函数 f_1 和 f_2 是相互矛盾的，即 $f_1(f_2)$ 的增大需要以 $f_2(f_1)$ 的减小作为代价，是以将满足上述条件的解叫作帕累托（Pareto）最优解。

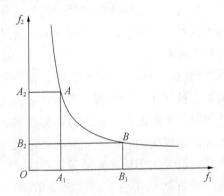

图 5.3 多目标优化问题

Pareto 支配解：在多目标优化问题中，如果个体 p 至少有一个目标比个体 q 好，并且个体 p 的所有目标都不比个体 q 差，则称个体 p 支配个体 q，也称为个体 q 受支配于个体 p。

Pareto 最优前沿：所有的 Pareto 最优解所对应的目标函数值所组成的区域。

由此可知，求解多目标优化问题的关键就在于求解 Pareto 最优解，然后从最优解集中选出一些具有代表性的解，作为 Pareto 最优前沿绘制图形。多目标优化问题的最优解往往并不能被准确无误地搜索到，因此，只需搜索到真实的 Pareto 前沿的估计值就可以。与真实 Pareto 前沿的距离越小，说明求解结果的收敛精度越好。

5.4　多目标粒子群优化算法（MOPSO）

5.4.1　算法原理

多目标不同于单目标的粒子群优化算法，单目标粒子群优化算法可以在粒子本身的历史最优和整个种群的历史最优中不断更新个体极值和全局极值，而多目标无法做到。因为多目标粒子群优化算法不存在精准、单独的最优解，因此不能从以上两个方面进行搜寻。为了解决这个问题，使多目标也可以记录历史最优，故在种群的外部设置一个专门存储历史记忆即全部非劣解的记忆体。具体原理如下：

关于局部最优位置，多目标与单目标问题一样，在多目标粒子群优化算法中，都选择粒子个体的历史最优位置。关于历史最优位置的更新，则需要利用 Pareto 支配的关系进行更新。若粒子的当前所处位置支配即更优于此前的历史最优位置，则其将代替之前的历史最优成为新的局部最优解；如果二者之间不存在支配关系，随机进行选择。

关于全局最优位置，在进入算法的主循环前，将 Max_it 次迭代更新所产生的全局最优解全部存储在外部的记忆体中，随后，对种群中的每个粒子利用轮盘赌的方式筛选出全局最优解。

5.4.2　算法流程（图 5.4）

Step1：初始化参数，设置种群规模大小为 $nPop$ 的粒子群，最优 Pareto 解集为 $nRep$，最大迭代次数设为 Max_it，并初始化粒子的速度和位置，计算粒子的适应度值；

Step2：初始化粒子群信息的表单，搜索当前粒子个体的最小值，并依据当前支配关系，存储到记忆体；

Step3：建立自适应网络；

Step4：利用轮盘赌的方式筛选出全局最优解；

Step5：按照主循环公式，计算粒子新的速度和位置；

Step6：更新粒子的局部最优解和全局最优解，并判断粒子的占优情况，更新库粒子，确保有 $nRep$ 个最优粒子在库中；

Step7：若满足停止条件，则停止搜索，输出最终结果，否则转向 Step4。

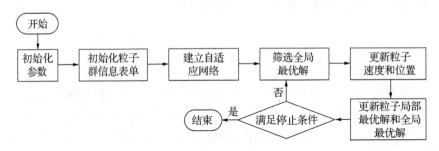

图5.4　多目标粒子群优化算法流程

5.5　经典的 NSGA-Ⅱ算法

NSGA-Ⅱ算法是一种经典的多目标遗传算法，又称为带精英策略的非支配排序遗传算法，由 NSGA 算法的提出者 Deb 在 2000 年针对其性能的提升所做的改良版。NSGA-Ⅱ算法的改进成果主要体现在以下三个方面：

一是时间复杂度。NSGA 的时间复杂度为 $O(mN^3)$，其中，m 是目标函数的数目，N 是初始化的种群大小。由此可见，当 NSGA 在处理较多目标函数或种群个数过多的问题时，将耗费相当长的不必要的时间。而 NSGA-Ⅱ算法通过提出一种快速非支配排序方法，将时间复杂度降低到 $O(mN^2)$。

二是精英策略的提出。精英策略的提出不但扩大了样本空间，还对算法的运行时间有所缩短，并使父代、子代种群在同一机制下竞争，择优筛选出下一代，并对每个个体进行分层保管，在一定程度上降低了将上一次所寻到的最优解丢失的可能。

三是利用拥挤度来代替很难确定的共享半径，来维持算法的多样性，即分布的均匀性。

5.6　仿真实验分析

本研究主要是根据在多目标粒子群优化算法所搜索到的 Pareto 解与测试函数真实的 Pareto 前沿间距离的大小进行比较。本研究描述每个测试函数所求得的非劣解在搜索空间中的分布效果，并与真实的 Pareto 前沿在同一张图中进行对比，同时与多目标领域研究较早的 NSGA-Ⅱ算法在同一参数设置下进行对比分析。

为了评估多目标优化算法的性能，各种各样的测量方法纷纷出现。就目前来看，大多数的性能评估方法针对的是单个的 Pareto 解集，然而本研究在算法中的一些参数设置是随机的，甚至是对局部、全局最优解的选择都存在很大的随机性，因此需要进行多次的实验模拟，最后统计这些所得到的数据，再进行分析。

5.6.1　性能度量指标

本研究采取 Deb 提出的收敛和多样性指标作为衡量算法性能的标准，来测试算法在目标空间中求解的结果是否逼近真实的 Pareto 前沿及是否在目标空间中均匀分布。

假设 A 作为多目标粒子群优化算法在给定目标空间内所求解的最优解的集合，PF^* 则为测试函数真正的 Pareto 最优解集。

①收敛性指标 γ：通过以下公式来计算所求的最优解与测试函数真实的 Pareto 前沿间的距离：

$$\gamma = \frac{\left(\sum_{i=1}^{|A|} d_i\right)}{|A|} \tag{5.15}$$

$$d_{i=\min_{1<j<|A|}} \sqrt{\sum_{m=1}^{k}\left(\frac{f_m(x_1)-f_m(x_j)}{f_m^{\max}-f_m^{\min}}\right)^2} \tag{5.16}$$

公式（5.16）中：d_i 表示求解结果的 A 解集中第 i 个最优解与真实 Pareto 前沿 PF^* 间最小的欧氏距离；k 表示目标函数的个数，本研究中共 9 个测试函数，前 9 个皆有 2 个目标函数，最后一个有 3 个目标函数；m 代表目标函数的个数；$f(x)_m^{\min}$ 代表目标函数 m 所求得的最小值，$f(x)_m^{\max}$ 代表目标函数 m 所求得的最大值。γ 越小，说明算法所得的 Pareto 解集 A 越接近真实的 Pareto 前沿，算法的收敛性越好。

②多样性指标 δ：通过以下公式来评估多目标粒子群优化算法所求最优解在给定空间内的分布广度与均匀程度：

$$\delta = \sqrt{\frac{\sum_{i=1}^{n}(d_i-\bar{d})}{|A|}} \tag{5.17}$$

$$\bar{d} = \frac{\sum_{i=1}^{n} d_i}{|A|} \quad\quad (5.18)$$

公式（5.17）中：d_i 是算法所求的最优 Pareto 解集 A 中，两个相邻的最优值向量在目标空间中的欧氏距离；$\bar{d}$ 表示 d_i 的平均值。δ 越小，说明所求解在区域内均匀分布，算法的分布性也就越好。

5.6.2 标准测试函数

为了验证多目标粒子群优化算法的性能，本研究采用以下 9 种在多目标优化领域应用十分广泛的测试函数，并将其实验结果与 NSGA-Ⅱ算法进行比较。本研究根据测试函数的复杂程度设计了粒子群种群大小的最大迭代次数，并且为了最小化算法的随机性，进行了多次实验。

在多目标智能算法领域，通常会采用一些测试函数作为模型来代替现实生活中通常会遇到的问题，并以此来评估其性能指标，如收敛是否迅速、分布是否均匀等。多目标优化问题的 Pareto 前沿具有一些常见的特征，如凹或凸、分布均匀或分布不均匀、连续或分散等。

测试函数见表 5.2。

表 5.2　多目标优化测试函数

函数名称	维数	变量范围	目标函数	函数特点
SCH	1	$x = [-10^3, 10^3]$	$f_1(x) = x^2 \quad f_2(x) = (x-2)^2$	凸的
FON	3	$x_i = [-4,4]$	$f_1(x) = 1 - \exp\left(-\sum_{i=1}^{3}\left(x_i - \frac{1}{\sqrt{3}}\right)^2\right)$ $f_2(x) = 1 - \exp\left(-\sum_{i=1}^{3}\left(x_i + \frac{1}{\sqrt{3}}\right)^2\right)$	非凸的
POL	2	$x_i = [-\pi, \pi]$	$f_1(x) = [1 + (A_1 - B_1)^2 + (A_2 + B_2)^2]$ $f_2(x) = [(x_1 + 3)^2 + (x_2 + 1)^2]$ $A_1 = 0.5\sin 1 - 2\cos 1 + \sin 2 - 1.5\cos 2$ $A_2 = 1.5\sin 1 - \cos 1 + 2\sin 2 - 0.5\cos 2$ $B_1 = 0.5\sin x_1 - 2\cos x_1 + \sin x_2 - 1.5\cos x_2$ $B_2 = 1.5\sin x_1 - \cos x_1 + 2\sin x_2 - 0.5\cos x_2$	非连续

函数名称	维数	变量范围	目标函数	函数特点
KUR	3	$x_i = [-5,5]$	$f_1(x) = \sum_{i=1}^{2} \left[-10\exp(-0.2\sqrt{x_i^2 + x_{i+1}^2}) \right]$ $f_2(x) = \sum_{i=1}^{3} \left[\mid x_1 \mid^{0.8} + 5\sin(x_i^2) \right]$	非连续
ZDT1	30	$x_i = [0,1]$	$f_1(x) = x_1, f_2(x) = g(x)\left[1 - \sqrt{\dfrac{x_1}{g(x)}} \right]$ $g(x) = 1 + \dfrac{9\left(\sum_{i=2}^{n} x_i \right)}{(n-1)}$	凸的
ZDT3	30	$x_i = [0,1]$	$f_1(x) = x_1, f_2(x) = g(x)$ $\left[1 - \sqrt{\dfrac{x_1}{g(x)}} - \dfrac{x_1}{g(x)}\sin(10\pi x_1) \right]$ $g(x) = 1 + \dfrac{9\left(\sum_{i=2}^{n} x_i \right)}{(n-1)}$	非连续
ZDT4	10	$x_i = [0,1]$	$f_1(x) = x_1, f_2(x) = g(x)\left[1 - \sqrt{\dfrac{x_1}{g(x)}} \right]$ $g(x) = 1 + 10(n-1) + \sum_{i=2}^{n} \left[x_i^2 - 10\cos(4\pi x_i) \right]$	凸的
ZDT6	10	$x_i = [0,1]$	$f_1(x) = 1 - \exp(-4x_1) \times \sin^6(6\pi x_1)$ $f_2(x) = g(x)\left[1 - \left(\dfrac{f_1(x)}{g(x)} \right)^2 \right]$ $g(x) = 1 + 9\left(\dfrac{\sum_{i=2}^{n} x_i}{(n-1)} \right)^{0.25}$	凹的
DTLZ2	12	$x_i = [0,1]$	$f_1(x) = \cos\left(\dfrac{\pi}{2}x_1 \right)\cos\left(\dfrac{\pi}{2}x_2 \right)(1 + g(x))$ $f_2(x) = \cos\left(\dfrac{\pi}{2}x_1 \right)\sin\left(\dfrac{\pi}{2}x_2 \right)(1 + g(x))$ $f_3(x) = \sin\left(\dfrac{\pi}{2}x_1 \right)(1 + g(x))$ $g(x) = \sum_{i=3}^{n} (x_i - 0.5)^2$	凸的

5.6.3 实验分析与比较

本研究的仿真实验均是在 HP Zhan66 型号的笔记本电脑上运行，电脑的处理器为 Intel （R） Core （TM） i5-8250U CPU @ 1.60GHz 1.80GHz，内存 RAM 为 8.0 GB，且基于 64 位操作系统。每个测试函数均运行 10 次，并记录每次的实验结果。在多目标粒子群优化算法中，设置种群大小 $nPop$ = 100，Pareto 最优解集中的粒子个数 $nRep$ = 200，最大迭代次数 Max_it = 500 代，惯性权重 w 的最大值 w_{max} = 0.9，最小值 w_{min} = 0.4，惯性权重随着迭代次数的增加，呈线性递减的趋势，学习因子 c_1 = c_2 = 2。在 NSGA-Ⅱ算法中，设置种群大小 $popnum$ = 100，迭代次数 gen = 500 代，交叉变异参数为 20。

为了比较多目标粒子群优化算法的性能指标，另外选取 NSGA-Ⅱ算法进行对比。本研究对多目标粒子群优化算法性能的评价主要是根据其收敛性指标 γ 与多样性指标 β 进行，即所求解出来的 Pareto 解对测试函数真实的 Pareto 前沿的逼近程度及其在目标空间内的分布是否均匀。

如图 5.5 所示，包括 SCH、FON、POL、KUR、ZDT1、ZDT3、ZDT4、ZDT6 与 DTLZ2 在内的 9 个测试函数，在多目标粒子群优化算法与 NSGA-Ⅱ算法中运行的结果。左侧图为测试函数在多目标粒子群优化算法中的运行结果，右侧图为测试函数在 NSGA-Ⅱ算法中的运行结果，表5.3 罗列了 9 个测试函数在 2 种算法中的收敛性指标对比结果；表5.4 罗列了 9 个测试函数在 2 种算法中的多样性指标对比结果。

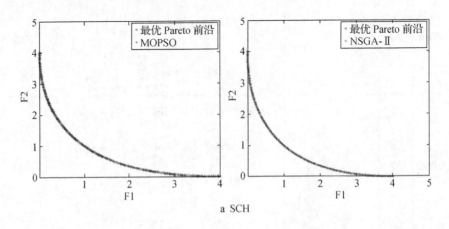

a SCH

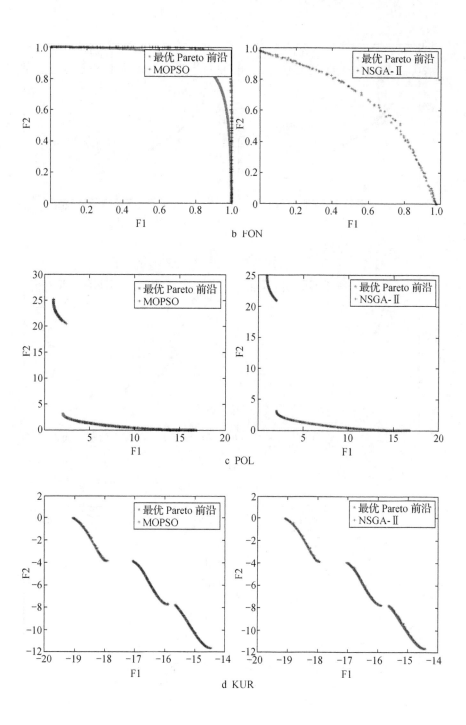

b FON

c POL

d KUR

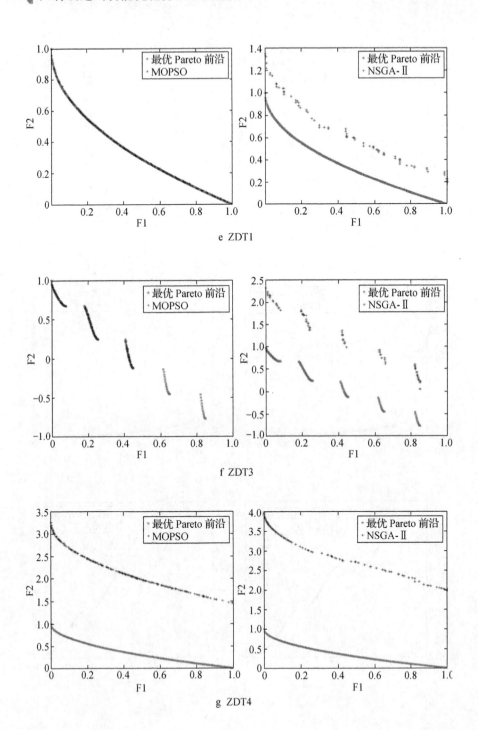

e ZDT1

f ZDT3

g ZDT4

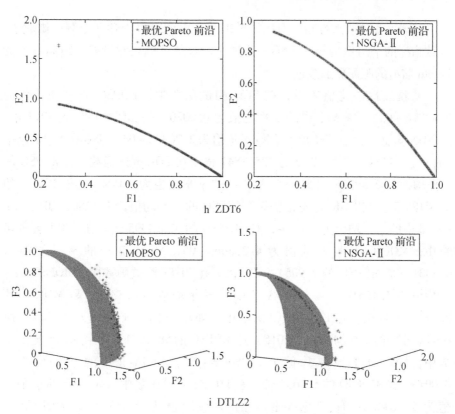

i DTLZ2

图 5.5　函数测试结果

　　为了更加直观地了解算法最优解的分布和收敛情况，本研究绘制了以上多目标粒子群优化算法 MOPSO 与 NSGA-Ⅱ算法所获得的 Pareto 优化解集。从以上对比图来看，MOPSO 在前 4 个测试函数，即 SCH、FON、POL 和 KUR 中所求解出的最优解与 NSGA-Ⅱ算法相比，虽然几乎完全覆盖测试函数真实的 Pareto 前沿，但 MOPSO 的分布状态更加均匀。在 ZDT1 中，MOPSO 中最优解的分布要更加靠近真实的最优 Pareto 前沿，并且无论是与真实 Pareto 前沿的距离还是解在空间的分布情况，都要优于 NSGA-Ⅱ算法。在 ZDT3 中，MOPSO 还没有收敛完全，NSGA-Ⅱ算法虽然所得解的分布图的趋势与真实的最优 Pareto 前沿一致，但与其有一定的距离。在 ZDT4 测试函数中可以看出，二者的最优解的分布情况都不太好，与真实的 Pareto 前沿有着明显的距离，但相比之下，MOPSO 与其距离更小。在 ZDT6 和 DTLZ2 测试函数中，MOPSO 所求的最优解能更好地覆盖真实的 Pareto 前沿，并且分布得更加均匀。

从表 5.3 的收敛性指标对比结果来看，MOPSO 在上述 9 个测试函数中，收敛指标的平均值均小于 NSGA-Ⅱ算法，收敛性能相对较好，距离真实的 Pareto 前沿的距离更加接近。

从收敛性的均值来看，在 SCH 测试函数中，MOPSO 的 γ 平均值为 2.0987e－05，NSGA-Ⅱ中的 γ 平均值为 0.0020，是 MOPSO 的 95.2971 倍。在 FON 测试函数中，MOPSO 的 γ 平均值为 2.7028e－04，NSGA-Ⅱ中的 γ 平均值为 0.1151，是 MOPSO 的 425.8547 倍。在 POL 测试函数中，MOPSO 的 γ 平均值为 5.9925e－05，NSGA-Ⅱ中的 γ 平均值为 0.0041，是 MOPSO 的 68.4189 倍。在 KUR 测试函数中，MOPSO 的 γ 平均值为 1.3480e－05，NSGA-Ⅱ中的 γ 平均值为 0.0044，是 MOPSO 的 326.4095 倍。在 ZDT1 测试函数中，MOPSO 的 γ 平均值为 4.2136e－05，NSGA-Ⅱ中的 γ 平均值为 0.3331，是 MOPSO 的 7.9054e＋03 倍。在 ZDT3 测试函数中，MOPSO 的 γ 平均值为 1.4561e－04，NSGA-Ⅱ中的 γ 平均值为 0.3311，是 MOPSO 的 2.2739e＋03 倍。在 ZDT4 测试函数中，MOPSO 的 γ 平均值为 0.0204，而 NSGA-Ⅱ中的 γ 平均值为 1.2015，是 MOPSO 的 58.8971 倍。在 ZDT6 测试函数中，MOPSO 的 γ 平均值为 2.9600e－04，NSGA-Ⅱ中的 γ 平均值为 0.0016，是 MOPSO 的 5.4054 倍。在 DTLZ2 测试函数中，MOPSO 的 γ 平均值为 2.9844e－04，NSGA-Ⅱ中的 γ 平均值为 0.0557，是 MOPSO 的 186.6372 倍。

从收敛性方差来看，MOPSO 的方差明显小于 NSGA-Ⅱ算法的方差。说明 MOPSO 相比 NSGA-Ⅱ算法而言，具有更强的稳定性。从收敛性的最优值来看，9 个测试函数的最优值均是出自 MOPSO。

从表 5.4 的结果可以看出，除在 ZDT6 测试函数中，MOPSO 的 β 的平均值均大于 NSGA-Ⅱ算法中 β 的平均值。说明上述 9 个测试函数，除 ZDT6 函数外，在 MOPSO 中所求解的非劣解的分布要比 NSGA-Ⅱ算法更为均匀。

从分布性的均值来看，在 SCH 测试函数中，MOPSO 的 β 平均值为 2.2411e－04，NSGA-Ⅱ中的 β 平均值为 0.0018，是 MOPSO 的 8.0318 倍。在 FON 测试函数中，MOPSO 的 β 平均值为 2.7028e－04，NSGA-Ⅱ中的 β 平均值为 0.1154，是 MOPSO 的 426.9646 倍。在 POL 测试函数中，MOPSO 的 β 平均值为 8.3608e－04，NSGA-Ⅱ中的 β 平均值为 0.0102，是 MOPSO 的 12.1998 倍。在 KUR 测试函数中，MOPSO 的 β 平均值为 1.4733e－04，NSGA-Ⅱ中的 β 平均值为 0.0044，是 MOPSO 的 29.8649 倍。在 ZDT1 测试函数

表 5.3　收敛性指标对比结果

算法	第1次	第2次	第3次	第4次	第5次	第6次	第7次	第8次	第9次	第10次	标准值	平均值	最优值
面板 A：SCH 测试函数													
MOPSO	$2.0560e-05$	$1.4662e-05$	$2.1458e-05$	$6.5376e-06$	$1.9642e-05$	$3.3927e-05$	$3.7213e-05$	$2.0570e-05$	$1.7415e-05$	$1.7886e-05$	$8.8461e-06$	$2.0987e-05$	$7.7428e-05$
NSGA-II	0.0019	0.0022	0.0020	0.0021	0.0020	0.0021	0.0021	0.0020	0.0020	0.0020	$8.4327e-05$	0.0020	0.0019
面板 B：FON 测试函数													
MOPSO	$5.9224e-05$	$9.6978e-04$	$9.3288e-05$	$9.1012e-06$	$9.0845e-06$	$6.2645e-05$	$4.0325e-05$	$1.6552e-05$	$2.3084e-05$	$6.1098e-04$	$3.3778e-04$	$2.7028e-04$	$9.0845e-06$
NSGA-II	0.1369	0.1134	0.1086	0.1284	0.1240	0.0773	0.1347	0.1181	0.1213	0.0885	0.0193	0.1151	0.0773
面板 C：POL 测试函数													
MOPSO	$1.6439e-06$	$5.5443e-06$	$2.6984e-06$	$5.3416e-06$	$3.5706e-06$	$8.0684e-07$	$2.8371e-06$	$3.4928e-06$	$5.6635e-06$	$6.9631e-06$	$1.7795e-04$	$5.9925e-05$	$8.0684e-07$
NSGA-II	$7.3675e-04$	$7.4632e-04$	$7.1600e-04$	0.00074	0.0117	$7.6874e-04$	$8.0663e-04$	0.0130	$6.9133e-04$	0.0115	0.0055	0.0041	$6.9133e-04$
面板 D：KUR 测试函数													
MOPSO	$1.4350e-05$	$1.0227e-05$	$2.0162e-05$	$5.5337e-06$	$8.6541e-06$	$3.1944e-06$	$5.5802e-06$	$4.4983e-05$	$1.5704e-05$	$6.4106e-06$	$1.2284e-05$	$1.3480e-05$	$3.1944e-06$
NSGA-II	0.0054	0.0034	0.0035	0.0035	0.0048	0.0033	0.0043	0.0047	0.0041	0.0065	0.0010	0.0044	0.0033
面板 E：ZDT1 测试函数													
MOPSO	$6.8658e-05$	$3.1859e-05$	$6.0421e-06$	$3.8449e-05$	$1.8850e-04$	$4.6454e-05$	$6.8255e-06$	$6.5917e-05$	$1.0659e-05$	$7.9962e-05$	$5.5435e-06$	$4.2136e-05$	$6.0421e-06$

续表

算法	第1次	第2次	第3次	第4次	第5次	第6次	第7次	第8次	第9次	第10次	标准值	平均值	最优值
NSGA-II	0.2427	0.6189	0.2367	0.3113	0.3209	0.2313	0.6462	0.2009	0.2662	0.2556	0.1620	0.3331	0.2009

面板 F: ZDT3 测试函数

算法	第1次	第2次	第3次	第4次	第5次	第6次	第7次	第8次	第9次	第10次	标准值	平均值	最优值
MOPSO	$2.0563e-05$	$3.2762e-05$	$1.3586e-05$	$6.0146e-05$	$1.5808e-05$	$3.7476e-05$	$2.8974e-05$	$2.5199e-05$	$4.1292e-05$	$9.1956e-04$	$2.8418e-04$	$1.4561e-04$	$1.3586e-05$
NSGA-II	0.3194	0.2882	0.2858	0.3184	0.2527	0.4055	0.2758	0.4159	0.3553	0.3939	0.0584	0.3311	0.2527

面板 G: ZDT4 测试函数

算法	第1次	第2次	第3次	第4次	第5次	第6次	第7次	第8次	第9次	第10次	标准值	平均值	最优值
MOPSO	0.0077	0.0096	0.0102	0.0112	0.1118	0.0086	0.0111	0.0080	0.0155	0.0100	0.0322	0.0204	0.0077
NSGA-II	1.9180	1.4081	1.4704	1.1997	0.9126	0.9023	1.2530	0.6486	1.1164	1.1855	0.3523	1.2015	0.9023

面板 H: ZDT6 测试函数

算法	第1次	第2次	第3次	第4次	第5次	第6次	第7次	第8次	第9次	第10次	标准值	平均值	最优值
MOPSO	$8.2793e-06$	$3.3494e-06$	$2.3568e-06$	$5.2777e-06$	$2.6296e-06$	$4.9354e-06$	$2.2615e-05$	$3.3959e-06$	0.0029	$7.2040e-06$	$9.1497e-04$	$2.9600e-04$	$2.3568e-06$
NSGA-II	0.0012	0.0026	0.0036	0.0012	0.0010	0.0014	0.0020	0.0011	0.0011	0.0010	$8.6513e-04$	0.0016	0.0010

面板 I: DTLZ2 测试函数

算法	第1次	第2次	第3次	第4次	第5次	第6次	第7次	第8次	第9次	第10次	标准值	平均值	最优值
MOPSO	$1.1667e-04$	$2.0463e-04$	$3.8480e-04$	$2.8626e-04$	$1.1211e-04$	$5.2997e-04$	$7.8344e-04$	$5.2487e-04$	$4.2093e-04$	$3.2579e-04$	$1.6774e-04$	$2.9844e-04$	$7.8344e-05$
NSGA-II	0.0765	0.0440	0.0460	0.0508	0.0542	0.0556	0.0844	0.0542	0.0514	0.0403	0.0140	0.0557	0.0403

表 5.4　分布性指标对比结果

算法	第1次	第2次	第3次	第4次	第5次	第6次	第7次	第8次	第9次	第10次	标准值	平均值	最优值
面板 A：SCH 测试函数													
MOPSO	2.0536e-04	1.4861e-04	2.4799e-04	7.7428e-05	1.9951e-04	3.4237e-04	3.7544e-04	2.3300e-04	1.8086e-04	2.3056e-04	8.6680e-05	2.2411e-04	6.5376e-06
NSGA-II	0.0015	0.0022	0.0017	0.0017	0.0016	0.0017	0,0018	0.0020	0.0017	0.0017	2.0111e-04	0.0018	0.0015
面板 B：FON 测试函数													
MOPSO	5.9353e-04	4.7402e-04	9.7022e-04	0.0085	9.0164e-06	8.3244e-05	5.2978e-04	1.8208e-04	2.3084e-04	6.7094e-04	3.3778e-04	2.7028e-04	9.0845e-06
NSGA-II	0.1365	0.1128	0.1091	0.1295	0.1256	0.0801	0.1298	0.1210	0.1106	0.0991	0.0169	0.1154	0.0801
面板 C：POL 测试函数													
MOPSO	7.1428e-05	0.0080	3.6416e-05	3.1447e-05	8.3050e-06	3.9450e-05	5.3490e-05	3.1357e-05	7.2557e-05	1.6324e-05	0.0025	8.3608e-04	8.3050e-06
NSGA-II	0.0011	9.9177e-04	7.7140e-04	0.0014	0.0320	7.9025e-04	0.0012	0.0325	7.0613e-04	0.0303	0.0148	0.0102	7.0613e-04
面板 D：KUR 测试函数													
MOPSO	1.4350e-05	1.7593e-04	1.0301e-04	2.1970e-04	5.6675e-05	8.5912e-05	3.2361e-05	6.3161e-05	5.4057e-04	1.8167e-04	1.5413e-04	1.4733e-04	1.4350e-05
NSGA-II	0.0057	0.0031	0.0032	0.0034	0.0040	0.0044	0.0039	0.0054	0.0042	0.0066	0.0012	0.0044	0.0031
面板 E：ZDT1 测试函数													
MOPSO	8.4011e-04	3.1769e-04	6.3811e-05	3.8732e-04	0.0019	6.2795e-04	1.6515e-04	8.4797e-05	1.1665e-04	1.1252e-04	5.6717e-04	4.6160e-04	6.3811e-05

续表

算法	第1次	第2次	第3次	第4次	第5次	第6次	第7次	第8次	第9次	第10次	标准值	平均值	最优值
NSGA-II	0.1521	0.3742	0.1530	0.1885	0.1942	0.1471	0.3935	0.1277	0.1615	0.1620	0.0961	0.2054	0.1277

面板 F：ZDT3 测试函数

算法	第1次	第2次	第3次	第4次	第5次	第6次	第7次	第8次	第9次	第10次	标准值	平均值	最优值
MOPSO	2.3664e-04	3.4914e-04	1.3953e-04	6.2265e-04	2.0691e-04	3.7260e-04	0.0022	3.5292e-04	5.0877e-04	0.0062	0.0019	0.0011	1.3953e-04
NSGA-II	0.1886	0.1765	0.1963	0.1651	0.2453	0.1764	0.1795	0.2499	0.2125	0.2363	0.0313	0.2026	0.1651

面板 G：ZDT4 测试函数

算法	第1次	第2次	第3次	第4次	第5次	第6次	第7次	第8次	第9次	第10次	标准值	平均值	最优值
MOPSO	0.0769	0.0952	0.1011	0.1118	0.0798	0.0855	0.1103	0.0798	0.1542	0.1014	0.0230	0.0996	0.0769
NSGA-II	1.1140	0.8187	0.8502	0.6936	0.5319	0.5221	0.7298	0.3819	0.6551	0.6912	0.2033	0.6988	0.3819

面板 H：ZDT6 测试函数

算法	第1次	第2次	第3次	第4次	第5次	第6次	第7次	第8次	第9次	第10次	标准值	平均值	最优值
MOPSO	1.1441e-04	4.5992e-05	2.6418e-05	7.1024e-05	2.6513e-05	6.9443e-05	3.0621e-04	3.8051e-05	0.0408	9.7235e-05	0.0129	0.0042	2.6418e-05
NSGA-II	0.0017	0.0047	0.0142	0.0015	0.0013	0.0030	0.0036	0.0012	0.0013	0.0013	0.0040	0.0034	0.0012

面板 I：DTLZ2 测试函数

算法	第1次	第2次	第3次	第4次	第5次	第6次	第7次	第8次	第9次	第10次	标准值	平均值	最优值
MOPSO	0.0014	0.0025	0.0029	0.0048	0.0036	0.0012	0.0053	8.3434e-04	0.0037	0.0039	0.0015	0.0030	8.3434e-04
NSGA-II	0.0914	0.0801	0.0700	0.0640	0.0818	0.0968	0.0875	0.0902	0.0664	0.0905	0.0115	0.0819	0.0640

中，MOPSO 的 β 平均值为 4.6160e－04，NSGA-Ⅱ 中的 β 平均值为 0.2054，是 MOPSO 的 444.9740 倍。在 ZDT3 测试函数中，MOPSO 的 β 平均值为 0.0011，NSGA-Ⅱ 中的 β 平均值为 0.2026，是 MOPSO 的 184.1818 倍。在 ZDT4 测试函数中，MOPSO 的 β 平均值为 0.0996，而 NSGA-Ⅱ 中的 β 平均值为 0.6988，是 MOPSO 的 7.0161 倍。在 DTLZ2 测试函数中，MOPSO 的 β 平均值为 0.0030，NSGA-Ⅱ 中的 β 平均值为 0.0819，是 MOPSO 的 27.3000 倍。

在 ZDT6 测试函数中，MOPSO 的 β 平均值为 0.0042，NSGA-Ⅱ 中的 β 平均值为 0.0034，二者相差 0.00008。从其方差来看，NSGA-Ⅱ 的方差要小于 MOPSO，说明 ZDT6 在 NSGA-Ⅱ 中的分布性相对稳定，也相对均匀，部分集中现象较少，非劣解的分布存在震荡现象。

从分布性的最优值来看，MOPSO 在 9 个测试函数中所得到的最优值均优于 NSGA-Ⅱ 算法。除 ZDT6 外，所求方差也均小于 NSGA-Ⅱ 算法。

5.6.4　实验结论

以上的仿真实验主要是针对低维测试函数 SCH、FON、POL、KUR，以及高维测试函数 ZDT1、ZDT3、ZDT4、ZDT6 和 DTLZ2。所有的实验仿真都是基于 MATLAB R2014a 数学软件完成。本研究在 MOPSO 和 NSGA-Ⅱ 算法的初始化参数一致的条件下，将实验结果绘制成 Pareto 分布图，以更加直观地观察。在 9 个测试函数中，除 ZDT6 测试函数外，MOPSO 所求最优值的分布情况均要更加靠近真实的 Pareto 前沿。随后，将每个算法运行 10 次，将得到的性能指标 β 和 γ 的值进行统计分析，统计分析的结果也进一步论证了 MOPSO 性能较好的结论。

5.7　MOPSO 在投资组合问题上的应用

证券投资组合决策属于多目标决策，在多目标优化问题的基础上求解该模型，可以为决策者提供更多的最优解作为解决方案。1952 年，Markowite 提出了著名的资产投资组合模型，由两个目标函数组成，一是期望收益率最大化；二是风险最小化。如下，本研究将运用 MOPSO 对投资组合模型进行实证分析，并给出最后求得的 Pareto 前沿。

5.7.1 投资组合问题的数学模型

$$\begin{cases} \text{Max } U_p = \sum_{i=1}^{n} x_i \mu_i \\ \text{Min } \sigma_p^2 = \sum_{i=1}^{n} \sum_{j=1}^{n} x_i x_j \sigma_{ij} \end{cases} \tag{5.19}$$

$$\text{s.t.} \quad \sum_{i=1}^{n} x_i = 1, x_i \in [0, 0.5] \tag{5.20}$$

如公式（5.19）所示，假设存在一个投资者即将对 n 种股票证券进行投资，其中 x_i 为每种证券的投资占比。

在第一个目标函数中，U_p 为投资组合的期望收益率，需要最大化其目标函数值；μ_i 为第 i 种证券的目标收益率；在第二个目标函数中，σ_p^2 是投资组合的收益方差，需要最小化其目标函数值。σ_{ij} 为第 i 种和第 j 种证券间的收益率协方差。

5.7.2 实证分析

本研究选取了互联网领域 TOP 3，被合称为"BAT"的百度（BIDU）、腾讯控股、阿里巴巴（BABA）3 只股票从 2016 年 1 月 1 日—2018 年 4 月 30 日每月的最后一个交易日的收盘价作为初始数据。所有数据来源于东方财富网。数据的准备工作如下：

依据以下公式，可以计算出每只股票的月收益率；并将数据保存至"BAT.xlsx"文件里；

本月月收益率 = (本月末收盘价 – 上月末收盘价)/上月末收盘价

利用 MATLAB 数学软件计算 3 只股票的期望收益率和收益率协方差，命令如下：

＞＞A = xlsread('BAT.xlsx')　% 读取 BAT.xlsx 文件至 MATLAB 中。

＞＞R1 = A(2:end, 2)　% A 中第 2 列 – 第 2 行至最后一行的数据记为 $R1$。

＞＞R2 = A(2:end, 4)　% A 中第 4 列 – 第 2 行至最后一行的数据记为 $R2$。

＞＞R3 = A(2:end, 6)　% A 中第 6 列 – 第 2 行至最后一行的数据记为 $R3$。

＞＞R = [R1, R2, R3]　% 将 $R1$、$R2$、$R3$ 放入矩阵 R 中。

$>>ER = mean(R)$ 　　　　% 计算期望收益率。

$>>DR = cov(R)$ 　　　　% 计算协方差。

经整理归纳后，3 只股票的期望收益率和协方差如表 5.5 和表 5.6 所示。

表 5.5　3 只股票的期望收益率

股票名称	期望收益率
百度（BIDU）	0.0132
腾讯控股	0.0358
阿里巴巴（BABA）	0.0322

表 5.6　3 只股票的协方差矩阵

股票名称	百度（BIDU）	腾讯控股	阿里巴巴（BABA）
百度（BIDU）	0.0065	0.0019	0.0034
腾讯控股	0.0019	0.0035	0.0035
阿里巴巴（BABA）	0.0034	0.0035	0.0079

利用 MATLAB 数学软件对该投资组合问题进行求解，在 MOPSO 中，设置种群规模 $nPop = 100$，最优解个数 $nRep = 200$，最大迭代次数 $Max\_it = 500$ 代，惯性权重最大值 $w_{max} = 0.9$、最小值 $w_{min} = 0.4$，随着迭代次数的增加线性递减，学习因子 $c_1 = c_2 = 200$。运行结果如图 5.6 所示。

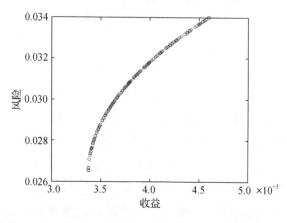

图 5.6　MOPSO 在投资组合应用中求得的最优 Pareto 前沿

在获得了 Pareto 前沿后，决策者就可以按照自己的意愿选择不同风险和收益的组合，如图 5.6 所示，可以在上面的抛物线中任选一点，所求的最优解的分布十分均匀，沿面平滑。收益随着风险的增加而增加，这与投资组合的理论一致。

5.7.3 MOPSO 在基于二层规划的企业信息化投资问题上的应用

企业预算管理制度是财务管理的最基本方式，描述了集团与旗下子公司的各自职责和权力。企业对各子公司的拨款行为可以利用二层规划的理论来解释。企业的总部为上层，制定方案进行信息化投资；旗下各子公司为下层，子公司根据实际情况对所需的信息化投资进行上报，总部根据各子公司上报的预算调整相关投资方案。这就是所谓的基于二层规划理论来规划企业信息化投资问题。基于二层规划的企业信息化投资问题的数学模型如下：

$$\max F = \{ F_1(x^{(1)}, y_1^{(1)}, y_2^{(1)}, y_3^{(1)}) + \cdots + F_n(x^{(n)}, y_1^{(n)}, y_2^{(n)}, y_3^{(n)}) \} \tag{5.21}$$

$$\text{s. t.} \quad a^{(i)} \leqslant x^{(i)} \leqslant b^{(i)} \tag{5.22}$$

$$a \leqslant \sum_{i=1}^{n} x^{(i)} \leqslant b \tag{5.23}$$

$$x^{(i)} \geqslant 0, \ i = 1, 2, \cdots, n \tag{5.24}$$

$$\max F_i(x^{(i)}, y_1^{(i)}, y_2^{(i)}, y_3^{(i)}) \tag{5.25}$$

$$\text{s. t.} \quad C_i^{(i)} \leqslant y_1^{(i)} \leqslant D_1^{(i)} \tag{5.26}$$

$$C_2^{(i)} \leqslant y_2^{(i)} \leqslant D_2^{(i)} \tag{5.27}$$

$$C_3^{(i)} \leqslant y_3^{(i)} \leqslant D_3^{(i)} \tag{5.28}$$

$$y_1^{(i)} + y_2^{(i)} + y_3^{(i)} \leqslant x^{(i)} \tag{5.29}$$

$$y_1^{(i)}, y_2^{(i)}, y_3^{(i)} \geqslant 0, \ i = 1, 2, \cdots, n \tag{5.30}$$

在以上公式中，$x^{(i)}$ 是各子公司信息化资金的预算费用，$a^{(i)}$、$b^{(i)}$ 是各子公司预算费用的上下限，a、b 是总公司可用预算费用的上下限。$y_1^{(i)}$ 是各子公司软件预算费用，$C_1^{(i)}$、$D_1^{(i)}$ 是各子公司软件预算费用的上下限；$y_2^{(i)}$ 是各子公司硬件预算费用，$C_2^{(i)}$、$D_2^{(i)}$ 是各子公司硬件预算费用的上下限；$y_3^{(i)}$ 是各子公司信息化培训预算费用，$C_3^{(i)}$、$D_3^{(i)}$ 是各子公司信息化培训预算费用的上下限。

国家自然科学基金项目"信息化升级投资的选择取向及资源分配：以 EICMM 研究为基础"结项报告中通过调研提出了效益函数具体形式，并在

此基础上，考虑变量参数的变化，确定如下效益函数形式：

$$F_1(x^{(1)},y_1^{(1)},y_2^{(1)},y_3^{(1)}) = [A_i + B_i(x^{(1)})^{\beta_0} + C_i(y_1^{(i)}y_2^{(i)}y_3^{(i)})^{\beta_1}]^{\beta_2}$$

$$(5.31)$$

式中：A_i、B_i、C_i 是需要通过拟合得到的，但 β_0、β_1、β_2 是需要提前确定的，否则无法按非线性拟合的方式进行拟合。在该函数中，综合了柯布 – 道格拉斯生产函数的一般原理，但是又考虑到了总的信息化投入，β_0 被确定为 $1/3$，β_1 被确定为 $1/2$，β_2 被确定为 $3/2$。

5.7.4　实证分析（表 5.7 和表 5.8）

表 5.7　各类信息化资金预测

单位：万元

		下限	上限
总公司 A	信息化资金总数	205	230
子公司 A1	信息化总费用	130	148
	软件费用	65	75
	硬件费用	40	45
	信息化培训费用	25	28
子公司 A2	信息化总费用	75	92
	软件费用	25	36
	硬件费用	37	41
	信息化培训费用	13	15

表 5.8　子公司信息化数据

单位：万元

年份	子公司 A1					子公司 A2				
	销售	总费用	软件	硬件	培训	销售	总费用	软件	硬件	培训
1995	9867	19.0	5.0	13.0	1.0	7965	13.9	2.0	10.5	1.4
1996	12 547	22.3	6.9	14.0	1.4	8025	16.6	2.3	12.5	1.8
1997	14 568	25.7	7.1	15	3.6	8651	15.0	3.0	10.0	2.0
1998	18 658	31.9	10.2	16.7	5.0	8795	16.3	4.5	9.8	2.0

年份	子公司 A1					子公司 A2				
	销售	总费用	软件	硬件	培训	销售	总费用	软件	硬件	培训
1999	21 563	36.4	13.5	17.5	5.4	9968	21.3	6.6	12.3	2.4
2000	24 542	40.7	14.2	18.9	7.6	12 546	34.4	8.7	22.5	3.2
2001	28 620	43.4	15.6	20.0	7.8	14 354	46.4	11.3	30.0	5.1
2002	32 565	54.0	18.0	24.0	12.0	13 476	41.1	14.0	20.4	6.7
2003	38 993	65.6	21.0	25.6	19.0	15 533	39.4	15.4	15.5	8.5
2004	46 435	81.0	32.0	27.0	22.0	16 435	43.9	16.3	18.6	9.0
2005	62 752	96.7	42.5	29.2	25.0	17 623	53.3	22.0	21.3	10.0

各子公司的效益函数 $F_i(x^{(i)}, y_1^{(i)}, y_2^{(i)}, y_3^{(i)})$ 的函数值 F_i 以该子公司年销售收入来表示。假设上述因素皆会对年销售收入产生影响，因此，效益函数的值 F_i 与 $x^{(i)}$、$y_1^{(i)}$、$y_2^{(i)}$、$y_3^{(i)}$ 之间存在关系。通过实际的曲线拟合，可以得到如下效益与信息化资金的函数模型：

$$F_1(x^{(1)}, y_1^{(1)}, y_2^{(1)}, y_3^{(1)}) = [-496.88 + 359.2287(x^{(1)})^{1/3} + \\ 2.1791(y_1^{(1)} y_2^{(1)} y_3^{(1)})^{1/2}]^{3/2} \tag{5.32}$$

$$F_2(x^{(2)}, y_1^{(2)}, y_2^{(2)}, y_3^{(2)}) = [191.5741 + 81.9268(x^{(2)})^{1/3} + \\ 2.7709(y_1^{(2)} y_2^{(2)} y_3^{(2)})^{1/2}]^{3/2} \tag{5.33}$$

因此，信息化投资决策的二层规划模型为：

$$\max F(x,y) = \max \{ [-496.889 + 359.2287(x^{(1)})^{1/3} + \\ 2.1791(y_1^{(1)} y_2^{(1)} y_3^{(1)})^{1/2}]^{3/2} + [191.5741 + \\ 81.9268(x^{(2)})^{1/3} + 2.7709(y_1^{(2)} y_2^{(2)} y_3^{(2)})^{1/2}]^{3/2} \}$$

$$\tag{5.34}$$

$$\text{s. t.} \quad 130 \leqslant x^{(1)} \leqslant 148 \tag{5.35}$$

$$75 \leqslant x^{(2)} \leqslant 92 \tag{5.36}$$

$$205 \leqslant \sum_{i=1}^{2} x^{(i)} \leqslant 230 \tag{5.37}$$

$$\max F_1(x^{(1)}, y^{(1)}) = \max \{ [-496.889 + 359.2287(x^{(1)})^{1/3} + \\ 2.1791(y_1^{(1)} y_2^{(1)} y_3^{(1)})^{1/2}]^{3/2} \} \tag{5.38}$$

$$\text{s. t.} \quad 65 \leqslant y_1^{(1)} \leqslant 75 \tag{5.39}$$

$$40 \leqslant y_2^{(1)} \leqslant 45 \tag{5.40}$$

$$25 \leqslant y_3^{(1)} \leqslant 28 \tag{5.41}$$

$$y_1^{(1)} + y_2^{(1)} + y_3^{(1)} \leqslant x^{(1)} \tag{5.42}$$

$$\max F_2(x^{(2)}, y^{(2)}) = \max \Big\{ \big[191.5741 + 81.9268(x^{(2)})^{1/3} + $$

$$2.7709(y_1^{(2)} y_2^{(2)} y_3^{(2)})^{1/2} \big]^{3/2} \Big\} \tag{5.43}$$

$$\text{s. t.} \quad 25 \leqslant y_1^{(2)} \leqslant 36 \tag{5.44}$$

$$37 \leqslant y_2^{(2)} \leqslant 41 \tag{5.45}$$

$$13 \leqslant y_3^{(2)} \leqslant 15 \tag{5.46}$$

$$y_1^{(2)} + y_2^{(2)} + y_3^{(2)} \leqslant x^{(2)} \tag{5.47}$$

5.7.5　求解结果

利用 MATLAB 数学软件对基于二层规划的企业信息化投资问题进行求解，在 MOPSO 中，设置种群规模 $nPop = 1000$，最优解个数 $nRep = 200$，最大迭代次数 Max_it 分别为 10、20、30，惯性权重最大值 $w_{max} = 0.9$、最小值 $w_{min} = 0.4$，随着迭代次数的增加线性递减，学习因子 $c_1 = c_2 = 200$。运行结果如表 5.9 和表 5.10、图 5.7 至图 5.10 所示。

表 5.9　上层规划 MOPSO 算法结果

单位：万元

Max_it	F	$x^{(1)}$	$x^{(2)}$
10	123 373.510 473 825	148	85.807 710 248 713 6
15	124 334.275 520 923	148	92
30	124 751.895 022 397	148	92

表 5.10　下层规划 MOPSO 算法结果

单位：万元

面板 A：

Max_it	F_1	$y_1^{(1)}$	$y_2^{(1)}$	$y_3^{(1)}$
10	94 025.324 256 403 7	74.615 613 493 434 9	45	27.691 639 161 337 3
15	94 349.408 204 932 4	74.939 254 142 820 0	44.947 840 338 711 4	28

· 93 ·

续表

Max_it	F_1	$y_1^{(1)}$	$y_2^{(1)}$	$y_3^{(1)}$
30	94 394. 448 204 515 5	75	45	28

面板 B:

Max_it	F_2	$y_1^{(2)}$	$y_2^{(2)}$	$y_3^{(2)}$
10	29 338. 560 757 852 4	36	38. 475 019 493 749 8	14. 952 554 870 894 7
15	29 984. 867 315 990 5	36	40. 444 926 543 850 4	14. 623 034 785 733 2
30	30 357. 446 817 881 5	36	41	15

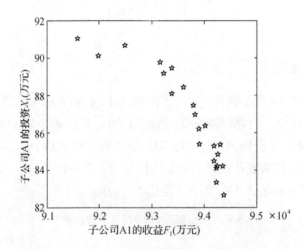

图 5.7　子公司 A1 迭代 10 代后投资—收益 Pareto 前沿

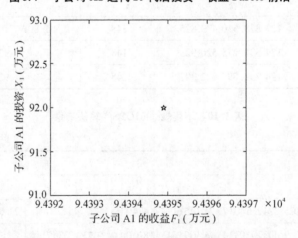

图 5.8　子公司 A1 迭代 30 代后投资—收益 Pareto 前沿

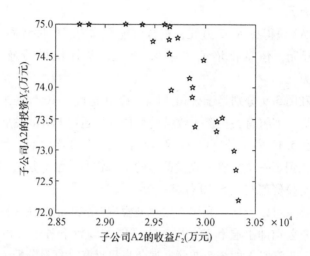

图5.9　子公司 A2 迭代 10 代后投资—收益 Pareto 前沿

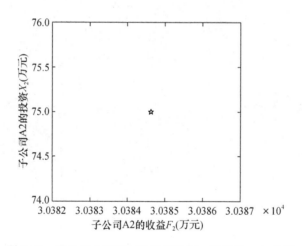

图5.10　子公司 A2 迭代 30 代后投资—收益 Pareto 前沿

　　从以上的 MOPSO 算法的运行结果（表5.9 和表5.10）可以看出，在经过 10 次迭代后，结果已经趋于稳定。在不考虑其他因素对企业效益影响的前提下，最终结果如下：

　　总公司共投资 240 万元，预计获得的最大效益约为 124 751.895 万元。

　　子公司 A1 获得拨款 148 万元，资金分配方式为：软件费用 75 万元，硬件费用 45 万元，信息化培训费用 28 万元，预计获得的最大效益约为

94 394. 448 万元。

子公司 A2 获得拨款 92 万元，资金分配方式为：软件费用 36 万元，硬件费用 41 万元，信息化培训费用 15 万元，预计获得的最大效益约为 30 357. 447 万元。

图 5. 7 和图 5. 9 分别是子公司 A1 和 A2 在迭代了 10 代还未饱和状态下的 Pareto 前沿。多组有关投资—收益的最佳方案通过 Pareto 图展现出来；而在图 5. 8 和图 5. 10 中，子公司 A1 和 A2 在迭代了 30 次之后，呈现出一个饱和的状态，找到了一个投资—收益最佳的平衡状态，也就是边界最优值，这一点的收益与投资值与表 5. 10 保持一致。

从上述结果可以看出，利用二层规划模型有利于企业在进行信息化投资时，在考虑总公司即上层利益的同时，还能兼顾旗下各子公司即下层的利益，做到了真正意义上的统筹兼顾，避免盲目投资、盲目分配。通过以上实证，成功证明了二层规划模型在企业信息化投资方面的可行性。

第二部分　万有引力搜索算法

第六章　基本万有引力搜索算法简介

6.1　研究背景和课题意义

优化在各个领域都是不可或缺的一部分，不断"取其精华，去其糟粕"，在整个问题中寻求最优的解决方案。随着科技力量的不断提升，对于人们寻求"更优"的想法更是步步跟随、不断发展，这就使得优化技术和算法思想成为大家探索研究的共同方向。随之出现的线性规划和非线性规划，是运筹学比较成熟的一个分支，是在条件约束下求得函数极值的一种数学方法，它是辅助人们进行科学管理的有力工具，在工程项目管理、经济金融分析等方面都有广泛的应用，为最优设计提供了有力的支持。自20世纪80年代以来，随着计算机技术的快速发展，（非）线性规划方法取得了长足进步，在信赖域法、稀疏拟牛顿法、并行计算、内点法和有限存储法等领域取得了丰硕的成果。类似的还有动态规划等优化技术的出现，但这些都不能满足更为复杂的多维问题，很多优化问题的函数性质十分复杂，可能是多峰多维函数、离散不均匀分布的二值函数，也可能会出现函数的解析性质不清晰，甚至可能没有具体的函数表达式的情况。传统优化算法在求解类似问题的时候，在运算速度、全局收敛、算法开销、搜索能力、运行时间等方面都远不能满足要求。随着需求的增加，人们迫切需要一种新的思维方式和解决办法来应对。

随着经济、生产、技术的飞速发展，人们在实际的工作生活中会碰到越来越多的高复杂、强约束、建模困难的复杂问题，譬如：

①制订生产计划：在有限的人力和物力的基础上，制订合理的生产计划，使得总利润和总生产达到最大化。

②资源分配：在分配资源时，采用合理的分配方法，使得在保证企业正常发展的前提下，资源消耗最低。

③工艺生产：在确保质量的条件下，选择恰当的生产方式，使得工艺的

耗损最低。

④交通运输：在保证安全行驶的前提下，选择一条最合理、最节省时间的行驶路线，使得运输费用达到最低。

最优化问题的应用范围十分广泛，对其求解方法的研究是十分有价值和有意义的，它可以帮助我们更快速、更准确地解决实际问题。自19世纪以来，人们常用Lagrange乘数法、Bellman原理和Pontyagrin原理等数学方法来解决线性规划和传统的非线性优化问题。可见，大多数传统的优化算法都是在给出约束平面的前提下来计算一阶导数的值，以此得到优化问题的最优解。但是，如果需要解决的优化问题十分复杂，那么一阶导数的求解过程往往也会非常困难。因此，近代以来，一些不需要求一阶导数的优化算法被提出来。这些优化算法可以计算那些在粗糙或不连续平面优化问题的解，其中最经典的就是启发式的智能优化算法（Intelligence Algorithm）。万有引力搜索算法（Gravitational Search Algorithm，GSA）应时代和科学研究探索的需求而产生，是一种以万有引力定律（Law of Universal Gravitation）和牛顿第二定律为基础的新型智能搜索算法。该算法通过万有引力作用来引导粒子的移动，根据万有引力定律的特点寻找到粒子的最佳位置，即最优解。GSA具有很强的实用性，为复杂函数的优化提供了一种新颖的解决方法，显示出广阔的发展前景，被广泛应用于实际的优化领域。

自然界一直都是一个充满了魔力和不可思议的世界，存在的很多问题是我们现今还不能用科学来解释的，但是人们从未停止过探索、发现真理的脚步，不断地从自然界中学习，得到启发，并将其运用到实际问题中，来解决一些复杂的计算问题。人工智能优化算法自20世纪中期开始，就一直是国际上一个活跃的话题和众多学者研究的方向，如粒子群优化算法、蚁群算法、遗传算法、人工神经网络、人工免疫算法、模拟退火算法等。智能优化算法受大自然的启发，通过模拟自然界的原理和结构来探寻问题最优解决方案。典型的智能优化算法有粒子群优化算法（Particle Swarm Optimization，PSO）、遗传算法（Genetic Algorithm，GA）、人工蜂群算法（Artificial Bee Colony Algorithm，ACA）、蚁群算法（Ant Colony Optimization，ACO）等。但智能优化算法发展至今，还没有发现哪一种算法能够完全求解所有的优化问题，每种算法都有着它们自身的优点和缺陷。它们在优化问题上没有优劣之分，只是可能在解决某类问题上，某一种算法会更具优势。为此，国内外也举行过有关智能优化算法的峰会，都是通过模拟自然界生态系统自适应机制特点并应用于解决复杂问题的智能优化算法,通过众多学者的仿真研究实验表明,这些智能优化算法对于多维空间搜索的能力,相对于传统优化算法要更加灵活,搜索精度也较高,可以得到更优的解决方案,因此,研究优化算法仍然有其重要的价值。人工智能计算在很大程度上丰富了现代优化技术,也为一些特定、难解的组合优化问题提供了实施有效的解决方案。GSA也是应时代和科学领域研究探索的需求而产生的,它是以万有引力定律为理论基础的一种新的优化搜索算法。

6.2　万有引力搜索算法的起源及国内外的研究现状

Esmat Rashedi、Hossein Nezamabadi-pour、Saeid Saryazdi 于 2009 年 3 月在 "GSA:A Gravitational Search Algorithm" 中提出了一种基于重力和质量之间相互作用的新的优化算法,其中的搜索粒子(Agents)是基于万有引力和运动规律活动的。粒子间的引力直接导致其在搜索空间每一纬度上的位置和自身速度的变化,GSA 属于一种元启发式优化算法,比较其他一些元启发式优化算法,GSA 在解决各种非线性函数问题上具有更高的性能。

最初的 GSA 被设计为搜索空间中的实验数值,但是很多优化问题都分散在二值空间域,之前的 GSA 不能很好地解决这个问题。Rashedi 于 2009年 10 月 23 日在线出版了他的另一篇 GSA 相关文献 "BGSA:Binary Gravitational Search Algorithm"。在文章中,他介绍了一种二进制编码机制,将万有引力的力量转换成二进制向量元素的概率值,直接引导这个元素的 "0""1" 值。把搜索空间考虑成一个超立方体,粒子可以通过改变这一串二进制编码中的数值,跳到这个超立方体的另一角落(Corner)或说位置,而对应的解则是显示在二进制模式下一些真实的数字。在文献中,对比二进制形式的粒子群优化算法(BPSO)和遗传算法(GA),通过一系列的单值函数、多值函数和离散函数的测试,结果显示出 BGSA 具有更好的搜索性能。

2011 年 2 月,S. Sarafrazi、H. Nezamabadi-pour 和 S. Saryazdi 等人发表了对 GSA 进行改进的文献 "Disruption:A New Operator in Gravitational Search Algorithm"。文章中指出,为了标准的 GSA 通过力来吸引其他粒子,假设这个群体过早收敛,那么这个算法将没有办法恢复到收敛之前,也就是说,这个算法过早收敛之后,它便失去了它本身的搜索能力,变得没有活力。启发式算法应该在探索和开发间有一个良好的平衡,这样才能有效地解决优化问题。探索是在搜索空间中寻找新的和更好的解决方案，开发则是跳出局部寻找最优解的能力。因此，改进标准 GSA 的探测和开发的能力，把中断算子（Disruption Operator）引入算法，通过使用最少的计算来提高算法在搜索空间中进一步搜索解决方案的能力。模拟在一个可中断的环境下，假定搜索到最优的解决方案为 i 时，要对其进行检查，当 i 与它最近的一个解决方案 j 的距离小于某一特定的阈值 C 时：

$$\frac{R_{i,j}}{R_{i,best}} \leq C \qquad (6.1)$$

式中：i 应该被中断。根据这种搜索概念，两个太靠近的解决方案是无用的，为了能够在搜索空间中进行更多的搜索，其中的一个解决方案应该移动到别的位置上。

在 2012 年，许多学者更多地是运用 GSA 理论，在文献中提出如何利用其求解多目标最优解；讲述使用 GSA 进行决策函数的估算；介绍使用 GSA 优化功调度（RPD）的问题。

国内有很多学者运用 GSA 来进行一系列的分析研究。例如，在处理流水线调度的问题上，提出了一种最大排序规则，利用物体间各个位置分量值的大小次序关系，将物体的连续位置转变成一个可行的方案；针对非线性极大极小问题的目标函数的不可微特点，采用万有引力机制来引导群体进行全局的搜索，这在文献《非线性极大极小问题的混沌万有引力搜索算法求解》中已有明确的结果显示；在文献《基于万有引力的点雨量插值算法研究》中则假设了雨量站雨量对待插值点的雨量作用，与万有引力的原理相似，把站点对待插值点的权重用引力比值的形式表示出来，各样本对插值点权重系数的合成也采用了标量叠加方法来进行研究；等等。

2009 年，伊朗克曼大学的 Esmat Rashedi 等在 "GSA：A Gravitational Search Algorithm" 中提出一种新的优化搜索算法——万有引力搜索算法（GSA）。与 PSO 类似，GSA 是一种元启发式的智能搜索算法。GSA 被设计为搜索空间中的实验数值，然而实际上，很多优化问题都是分散在二值空间域的，则 GSA 不能很好地解决这个问题。因此，同年，Esmat Rashedi 在 "BGSA：Binary Gravitational Search Algorithm" 中又提出 GSA 的二进制版本。在 GSA 中，质量越大的粒子占据着越好的位置，也就是说，质量最大的粒子占据的位置就是最佳位置。因此，当各个粒子在万有引力的作用下相互吸引并朝着质量最大的粒子（最优位置）收敛时，算法也就达到了寻优的目的。GSA 具有很强的实用性，然而，国内外学者在进行大量的实验测试后发现，GSA 虽然表现出良好的性能，但是与其他智能优化算法一样，该算法也不能完美地解决所有的优化问题，其自身也存在一定的缺陷，如容易发生早熟、求解精确性差、运行效率低等。近几年来，保持 GSA 局部搜索能力和开发能力的平衡一直是国内外一些学者的研究重点。

2010 年，针对 GSA 中粒子位置的更新方法，即万有引力产生加速度，加速度产生位移，金林鹏等提出一种类似遗传算法的方法，在该方法中粒子位置的变化不再和万有引力相关，而是对粒子进行遗传运算，进而计算出粒子的新位置。同年，谷文祥等针对求解流水线调度问题，提出了一种改进的GSA。他们在 GSA 中加入了边界变异策略，使得种群变得丰富，同时，还引入了交换算子和插入算子，有效避免了 GSA 过早收敛。

2011 年，S. Sarafrazi 等在 "Disruption：A New Operator in Gravitational Search Algorithm"。中提出，在 GSA 中，万有引力引导质量。当这种力相互吸收时，如果过早收敛，算法就不会有任何恢复。换句话说，在融合后，算法就会失去探索的能力，然后变得不活跃。因此，为了提高 GSA 解决更复杂问题的灵活性，应该将新的操作符添加到 GSA 中。在这种情况下，S. Sarafrazi 等引入一种基于天体物理学的新算子。假设最佳解（质量大的物体 M）是系统的恒星，其他的解决方案可能会在恒星的万有引力作用下干扰和散射空间。为了防止解的发散和复杂度的增加，S. Sarafrazi 等提出了一个公式：

$$\frac{R_{i,j}}{R_{i,best}} \leq C \tag{6.2}$$

能满足这个条件的解会被破坏。在提出的条件中，对质量 i 与其最近邻质量（解）之间的距离与恒星距离的比值（最好的解）进行了检验，如果它小于一个特定的阈值 C，那么质量 i 应该被打断。根据搜索概念的不同，两个太接近的解决方案是无用的，建议移动其中一个解决方案，以便在搜索空间中进行更多的搜索。S. Sarafrazi 等提出的改进方案随机散化了粒子的位移，在迭代的初期增加了粒子的搜索能力，而在迭代的后期则加强了粒子的开发能力。

2012 年，针对原有 GSA 中粒子质量的计算，徐遥等将 GSA 中的质量计算公式（即由该粒子的适应度值占所有粒子适应度值总和的比值）替换成用不同的三角范式进行计算。李超顺等不仅将质量计算映射到三角范式函数上，还在计算惯性质量的同时使用权值策略，改变了粒子自身的质量，使得原先大质量的粒子能够获得更大比值的质量。这种质量计算方法加深了大质量粒子对算法的影响程度。同年，刘勇等为了解决非线性极大极小问题，针对目标函数不可微的特点，提出了一种基于混沌的 GSA。基于混沌的 GSA 的原理是在 GSA 进行全局搜索后，利用混沌优化对当前求得的最优位置进行更加细致的搜索，采用一定的方法对可能陷入局部最优的个体位置进行扰动，使该个体跳出局部最优，这提高了 GSA 的搜索效率和质量。N. Kazak 和 A. Duysak 在 "Modified Gravitational Search Algorithm" 中提出了一种基于 GSA 求解优化问题的有效算法，被称为 "成员卫星算法"。在该算法中，卫星被指派给所有成员，每个成员都有各自的几个卫星，两者同步进化，这样在每一次的迭代中，算法都能在适应度最大的个体附近进行更细致的搜索。

为了平衡 GSA 的搜索和开发能力，一些学者还将 GSA 与其他优化算法或优化策略进行融合，从而达到对 GSA 优化的目的。例如，张维平等提出了基于精英策略的 GSA；杨晶等提出了基于免疫记忆和调节机制的免疫万有引力搜索算法（IMGSA）等。GSA 的研究还在继续，但当前国内外学者主要专注于强化 GSA 局部搜索能力，而对于 GSA 算法参数改进则没有什么研究。

6.3 万有引力搜索算法原理

6.3.1 万有引力定律

1687 年，牛顿发表了有关描述两个物体之间互相作用的物理定律，即万有引力定律，主要讲述了万有引力适用于自然世界中的所有物体，是基本作用力之一。它的主要内容是万有引力在任何两个没有介质和延迟的物体之间存在着。所有粒子中的任意两个的中心通过相互连接的线上的力互相吸引着。这个互相作用引力的大小与这两个粒子之间距离的大小呈负相关，与这两个粒子质量的乘积呈正相关：

$$F = G\frac{M_1 M_2}{R^2} \tag{6.3}$$

式中：F 表示引力大小，G 是万有引力常数，M_1 和 M_2 表示产生相互作用的两个粒子的惯性质量，R 表示两个粒子之间的欧氏距离。基本的定义如下：根据牛顿第二定律我们可以得出：若 F 为作用到一个粒子上的所有力的总和，那么这个粒子的加速度 a 与作用力 F 和粒子的惯性质量 M 的关系如下：

$$a = \frac{F}{M} \tag{6.4}$$

根据公式（6.3）和公式（6.4），万有引力的作用普遍适用于宇宙间所有的粒子，这个作用力会令粒子朝着它们互相连接的方向做彼此靠近的运动，随着两个粒子之间的距离越来越近，万有引力的影响也就越大。如图 6.1 所示，惯性质量的大小即为粒子所占面积的大小，其他 3 个粒子均对 M_1 粒子产生不同方向的作用力，最后会产生一个合力 F，以及朝合力方向移动的加速度 a。从图中也可以观察得到，在所有粒子中，M_4 粒子的所占面积最大，即质量最大，则 M_1 受到的合力方向与 M_1 和 M_4 的中心连接线的相互作用力 F_{14} 的方向更加相似。所以，GSA 则是模拟各个粒子相互之间产生的万有引力作用，如果群体中有比其他粒子质量更大的粒子，那么质量更大的粒子就会吸引其他粒子向其方向进行运动，这样算法就可以通过收敛，从而计算出最优解。并且，万有引力作用可以在没有传播介质的情况下发生，所有的粒子不管其所在位置所产生的距离数值，都会受到来自其他粒子的万有引力作用，因此，可以通过这个现象判断 GSA 具有更强的全局性。

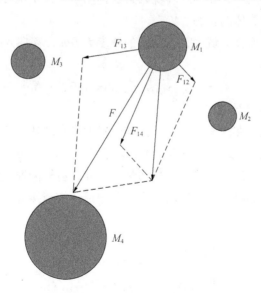

图6.1　4 个粒子的引力作用

因为万有引力作用渐渐变弱的影响，随着宇宙实际年龄的增长，万有引力常数 G 也会不断改变。G 会随着时间不断增长而逐渐减小：

$$G(t) = G(t_0)\left(\frac{t_o}{t}\right)^{\beta}, \beta < 1 \tag{6.5}$$

式中：$G(t)$ 是在 t 时刻的万有引力常数 G 的值，$G(t_0)$ 是在第一宇宙量子间隔的时刻 t_0 的值。

6.3.2 万有引力搜索算法的描述

GSA 将宇宙中所有的粒子都假设为是有质量的物体，并且不受到其他阻力的影响。在解空间中每个粒子之间都存在着万有引力且互相影响，质量大的粒子会吸引质量小的粒子朝自己的方向移动，并使其产生加速度。由于粒子的质量与粒子的适应度值之间呈正相关，所以在极限状态下，质量较大的粒子吸引质量较小的粒子向自己的方向移动时，便无限接近优化问题中的最优解。由此将 GSA 与蚁群算法等集群算法进行对比可知：在粒子群优化算法中粒子需要利用环境因素，才能对周围环境的状况进行了解，而 GSA 则不需要，其在优化之后实现信息共享时，并不是利用每个粒子相互之间的万有引力作用，因此，在不计环境因素的作用时，粒子也可以通过搜索周边的环境了解整个群体的状态。

假设在一个搜索区域中，该空间的纬度为 Dim，存在 N 个物体，其中第 i 个物体的位置为：

$$X_i = (x_i^1, x_i^2, L, x_i^d), i = 1, 2, \cdots, N \tag{6.6}$$

（1）惯性质量计算

根据每个粒子在搜索空间中所处的位置而求出的适应度值影响着该粒子的惯性质量，在 t 时刻时，用 $M_i(t)$ 来表示粒子 X_i 的质量。一般情况下，需要根据粒子的适应度来计算其惯性质量，因此，粒子的惯性质量越大，则对其他粒子有越大的吸引力，同时也表明其与最优解越接近。质量 $M_i(t)$ 计算公式如下：

$$\begin{cases} m_i(t) = \dfrac{fit_i(t) - worst(t)}{best(t) - worst(t)} \\ M_i(t) = m_i(t) \Big/ \sum_{j=1}^{n} m_j(t) \end{cases} \tag{6.7}$$

式中：$fit_i(t)$ 表示 X_i 粒子的适应度值。在 t 时刻的最好解为 $best(t)$，在 t 时刻的最坏解为 $worst(t)$，其计算公式如下：

$$best(t) = \max_{i \in \{1,2,\cdots,N\}} fit(t) \tag{6.8}$$

$$worst(t) = \min_{i \in \{1,2,\cdots,N\}} fit(t) \tag{6.9}$$

从公式（6.7）可以看到，第一个公式主要是把粒子的适应度值规范化约束至［0，1］，然后把其占总质量的比值当作粒子的质量 $M_i(t)$。

（2）万有引力计算

在 t 时刻，纬度为 k 的搜索空间内物体 i 对物体 j 造成的万有引力：

$$F_{ij}^k(t) = G(t)\frac{M_{pi}(t)M_{aj}(t)}{R_{ij}(t)+\varepsilon}(x_j^k(t) - x_i^k(t)) \tag{6.10}$$

式中：ε 表示一个无限小的常量。$M_{aj}(t)$ 表示作用物体 j 的惯性质量，而 $M_{pj}(t)$ 则代表被作用物体 i 的惯性质量。时间的万有引力常数为 $G(t)$，宇宙的真实年龄对它的值起着决定性作用，在宇宙年龄不断增长的同时，它的值会变得越来越小，具体关系如下：

$$G(t) = G_o e^{-\frac{at}{T}} \tag{6.11}$$

式中：G_0 表示在 t_0 时刻 G 的取值，$G_0 = 100$，$a = 20$，T 为最大迭代次数。

$R_{ij}(t)$ 表示物体 X_i 和物体 X_j 的欧氏距离：

$$R_{ij}(t) = \|X_i(t)X_j(t)\|_2 \tag{6.12}$$

因此在时刻 t，在搜索空间维度为 k 时，其他所有物体对其作用力之和即为 X_i 所受到的作用力总和，计算公式如下：

$$F_i^k(t) = \sum_{j=1,j\neq 1}^{N} rand_j F_{ij}^k(t) \tag{6.13}$$

（3）位置更新

加速度的产生主要是由于粒子之间存在着万有引力作用。根据公式（6.13）所计算得出的万有引力可知，粒子所受到的作用力与其惯性质量的比值，即为在第 k 维搜索空间上物体 i 获得的加速度，计算方式如下：

$$a_i^k(t) = \frac{F_i^k(t)}{M_{ij}(t)} \tag{6.14}$$

在每一次迭代过程中，物体 i 更新其本身的速度和位置是根据加速度计算出来的，更新公式如下：

$$\begin{cases} v_i^k(t+1) = rand_i v_i^k(t) + a_i^k(t) \\ x_i^k(t+1) = x_i^k(t) + v_i^k(t+1) \end{cases} \tag{6.15}$$

6.4　万有引力搜索算法步骤

根据以上的推导过程，我们可以得出 GSA 的具体步骤如下。

Step1：对 GSA 中所有粒子的空间位置与加速度进行初始化，并且设置算法的迭代次数及算法运行过程所需要的其他参数。

Step2：计算出粒子的适应度值及万有引力常数［可由公式（6.11）求出］。

Step3：根据得出的适应度值，利用公式（6.7）、公式（6.8）、公式（6.9）计算出每个粒子的质量，并利用公式（6.10）至公式（6.14）计算出每个粒子的加速度。

Step4：根据公式（6.15）计算出每个粒子的速度，然后更新每个粒子在搜索空间中的位置。

Step5：如果没有达到迭代次数，返回 Step2；否则，输出本次算法的最优解。

GSA 的流程如图 6.2 所示。

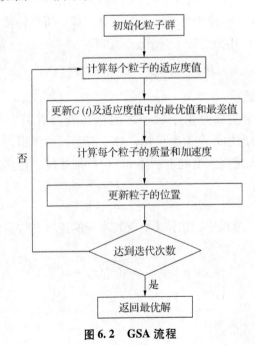

图 6.2　GSA 流程

6.5　万有引力搜索算法的参数分析

设置参数值对于群体智能优化算法极其重要，可以根据对参数的分析对算法做出一些针对性的改进，这在很大程度上影响着算法的性能及优化能力。本节将对 GSA 中参数的影响与作用进行分析。

GSA 主要运行过程有两部分，第一部分是计算该粒子本身受到其他粒子所产生的万有引力大小，从而得出加速度；第二部分则是根据第一部分计算得出的结果来不断改变该粒子的速度和位置，从而得出最优解，即将公式（6.10）至公式（6.13）代入公式（6.15）中，得到下面的公式：

$$X_i^{t+1} = X_i^t + rand V_i^t + G_o \mathrm{e}^{-\frac{at}{T}} \sum_{j=1}^{N} \left\{ \frac{M_j^t}{R_{ij}} [\, rand(X_j^t - X_i^t)\,] \right\} \qquad (6.16)$$

从公式（6.16）可以看出，现实生活中 GSA 与差分进化算法有很多接近之处，这两种算法公式的后半部分都是对粒子 i 与其他粒子的惯性质量与差分向量，以及随机向量与距离的乘积进行求和。根据各向量之间的差分向量，通过计算可知粒子间的距离，因此，在实际运行中，GSA 的主要应用参数为常量 G_0、变化量 a 及惯性质量 M。

由于 GSA 是在万有引力理论基础上得出的，即所有物体中质量最大的物体会吸引其他的物体向其方向运动，质量最大的物体占有最优位置，由此可求得最优解。该算法将优化的信息进行共享，主要是利用每个个体之间的万有引力的互相作用，从而更好地搜索最优空间。大量的实验说明该算法全局搜索能力比较强，但是局部探索能力比较弱，容易陷入局部最优，还有待改善，因此我们需要对 GSA 进行进一步的改进优化。

6.6　基本万有引力搜索算法

自然界中存在 4 种基本的相互作用，分别为引力相互作用、电磁相互作用、弱相互作用和强相互作用。万有引力是第一种被数学理论解释的相互作用，在科学研究中应用广泛，更是物理科学的理论基石，它成功解释了彗星的运动轨道、地球出现的潮汐现象及海王星的发现等。直到今天，牛顿万有引力理论仍然是精密的天体力学基础，现今的人造卫星、宇宙飞船的运行轨道的研究，仍然要依靠万有引力理论。

早在 17 世纪初，人们就能够区分开自然界中的各种力，如重力、摩擦力和空气阻力等，但是没有人知道这些力之间存在的联系。而牛顿于 1687 年在《自然哲学的数学原理》上提出的解释物体之间相互作用关系的定律，首次将这些看似不同的力串联起来，它解释了人为什么会有体重，苹果为什么会朝地面落下，地球为什么会围绕太阳转等自然现象。具体阐述如下："宇宙中物体之间都存在一种使它们相互吸引的力。这种力与各物体质量的乘积成正比，与物体间距离的平方成反比。"公式表达为：

$$F = G\frac{M_1 M_2}{R^2} \tag{6.17}$$

式中：F 表示两个物体间的引力，G 是万有引力常数，M_1、M_2 分别表示物体 1、物体 2 的质量，R 表示两物体间的欧氏距离。

牛顿第二定律：一个物体加速度 a 的产生依赖作用于它的力 F 和它的质量 M，公式如下：

$$a = \frac{F}{M} \tag{6.18}$$

GSA 遵循万有引力定律和牛顿第二定律，在求解优化问题时，通过模拟宇宙中物体间相互作用的引力来指导粒子在求解空间进行搜索，搜索粒子的位置和问题的解相对应，同时算法还要考虑粒子的质量。根据万有引力定律，空间中的粒子会朝着质量大的粒子移动，其中粒子的运动遵循牛顿第二定律。随着迭代的增加，粒子不断运动，最后都会聚集到质量最大的粒子周围，算法从而可以取得最优解。

GSA 在解决最优化问题上，相对于 K-mediods、PSO 有较明显的优越性，但其也存在缺点，如缺少局部搜索机制等。

GSA 是近年来一种比较热门的搜索优化算法，它服从万有引力定律的基本规律。根据万有引力定律，粒子间是相互吸引的，质量越大的粒子，对同一搜索空间中的其他粒子的吸引力就越大，其中每个粒子都有 4 个特性：空间位置、惯性权重、主动的粒子和被动的粒子，粒子所在的位置对应问题域中的一个潜在解决方案。

GSA 是基于这样的运动规律更新自己位置的：当前粒子的下一个速度等于现在的速度与目前所受到的力而产生的加速度的总和。目前具有的加速度等于所受合力除以自身的惯性质量。

根据万有引力定律的特性可以得出：

$$F_{ij}^d(t) = G \frac{M_i M_j}{R_{ij} \pm \varepsilon}(x_j - x_i) \tag{6.19}$$

假设 N 个粒子的系统中，粒子 j 受到的力来自各个维度中所受力的总和。其中，ε 是一个很小的常数，R_{ij} 表示 i 和 j 两个粒子之间的欧式距离：

$$R_{ij} = \|x_i, x_j\|_2 \tag{6.20}$$

函数优化最基本的就是最大化最小化问题，最小化问题的定义为：

$$best = \min_{j \in \{1,2,\cdots,N\}} fit_j \tag{6.21}$$

$$worst = \max_{j \in \{1,2,\cdots,N\}} fit_j \tag{6.22}$$

最大化问题的定义表示为：

$$worst = \min_{j \in \{1,2,\cdots,N\}} fit_j \tag{6.23}$$

$$best = \max_{j \in \{1,2,\cdots,N\}} fit_j \tag{6.24}$$

6.7 万有引力搜索算法的模型

（1）对粒子的位置 X 和速度 V 进行初始化

假定在 Dim 维的搜索空间中，有一数量为 N 的粒子群，则我们规定第 i 个粒子在空间中的位置 X 和速度 V 分别表示为：

$$X_i = (X_i^1, X_i^2, \cdots, X_i^d, \cdots, X_i^{Dim}) \tag{6.25}$$

$$V_i = (V_i^1, V_i^2, \cdots, V_i^d, \cdots, V_i^{Dim}) \tag{6.26}$$

式中：X_i^d 和 V_i^d 分别表示粒子 i 在第 d 维的位置分量和速度分量。

（2）计算粒子质量

粒子 i 的质量计算公式如下：

$$m_i(t) = \frac{fit_i(t) - worst(t)}{best(t) - worst(t)} \tag{6.27}$$

$$M_i(t) = \frac{m_i(t)}{\sum_{i=1}^{N} m_j(t)} \tag{6.28}$$

式中：$fit_i(t)$ 和 $M_i(t)$ 分别表示在第 t 次迭代时第 i 个粒子的适应度值和质量；$best(t)$ 和 $worst(t)$ 分别表示在第 t 次迭代时所有粒子中最优的适应度值和最差的适应度值。以最小化问题为例，则 $best(t)$ 和 $worst(t)$ 的定义分别如下：

$$best(t) = \min_{j \in [1,2,\cdots,N]} fit_j(t) \tag{6.29}$$

$$worst(t) = \max_{j \in [1,2,\cdots,N]} fit_j(t) \tag{6.30}$$

（3）计算粒子间的引力 F

在第 t 次迭代时，第 d 维上粒子 i（主动粒子）对粒子 j（被动粒子）的吸引力 F 为：

$$F_{ij}^t = G(t) \frac{M_i(t)M_j(t)}{R_{ij}(t) + \varepsilon}(X_j^d(t) - X_i^d(t)) \tag{6.31}$$

式中：ε 表示一个无穷小的常量；$G(t)$ 是在第 t 次迭代时的引力常数，具体计算公式如下：

$$G(t) = G(G_o,t) = G_0 e^{\frac{-at}{T}} \tag{6.32}$$

式中：G_0 是在 t_0 时的万有引力常数，这里 $G_0 = 100, a = 20$；T 为算法最大迭代次数。

$R_{ij}(t)$ 表示粒子 i 和粒子 j 之间的欧氏距离，计算公式如下：

$$R_{ij}(t) = ||X_i,X_j||_2 \tag{6.33}$$

因此，粒子 i 在第 d 维所受合力为：

$$F_j^k(t) = \sum_{j=1,j \neq 1}^{N} rand_j F_{ij}^k(t) \tag{6.34}$$

式中：$rand_j$ 是在 $[0,1]$ 内的一个随机变量，$rand$ 的引入，增加了 GSA 搜索的随机性。

（4）计算粒子的加速度 a

由牛顿第二定律可知：在 t 时刻，粒子 i 在第 d 维的加速度为：

$$a_i^d(t) = \frac{F_i^d(t)}{M_i(t)} \tag{6.35}$$

（5）更新粒子的速度 v 和位置 x

粒子的速度和位置更新策略如下：

$$V_i^d(t+1) = rand_i V_i^d(t) + a_i^d(t) \tag{6.36}$$

$$X_i^d(t+1) = X_i^d(t)V_i^d(t) + a_i^d(t) \tag{6.37}$$

式中：$rand$ 是在 $[0,1]$ 上服从均匀分布的一个随机变量。

6.8 对标准万有引力搜索算法的改进

对于优化问题，要的结果就是寻找到解决方案中的最优解，用搜索算法来寻求最优解，收敛便是关键的一步了。当要优化的函数是非平滑曲线的时候，像是一些基于梯度的传统算法用于函数最小化的时候，常常是不能够在搜索的最后收敛于全局最小的，这就使得它们在一些应用中没有了实际的意义。启发式的算法，如标准的 GSA、遗传算法和蚁群算法，这些都是不受函数梯度约束的，在解决复杂优化问题中能够实现最小化的搜索，但标准的 GSA 在优化搜索的过程中会出现早熟收敛的现象，容易陷入局部最优解的情况。

为此，我们在开始的时候就使用探测策略，随着探测能力的减弱，搜索能力反而要加强，只有 $Kbest$ 个粒子有吸引其他粒子的能力。随着迭代次数的增加，$Kbest$ 的数目会逐渐减少，一直到粒子群迭代的最后一次，即 $iteration$ 等于 $\max\_it$ 的时候，整个群体里只有唯一一个粒子对其他的粒子有引力，程序代码中的正要代码实现为：

$$Kbest = final_{per} + (1 - iteration/\max\_it)(100 - final_{per}) \qquad (6.38)$$

式中：$final_{per}$ 指的是在最后一代中，有吸引能力的粒子。

假设在一个 Dim 维的搜索空间中，一个有 N 个粒子的群体，我们规定第 i 个粒子在空间中的位置表示为：

$$X_i = (X_i^1, X_i^2, X_i^3, \cdots, X_i^{Dim}) \qquad (6.39)$$

其对应的速度表示为：

$$V_i = (V_i^1, V_i^2, V_i^3 \cdots, V_i^{Dim}) \qquad (6.40)$$

那么可以得出，在特定的时间 t 时刻，粒子 i（主动粒子）对粒子 j（被动粒子）的吸引力 F 为：

$$F_{ij}^t = G(t) \frac{M_i(t) M_j(t)}{R_{ij}(t)} (X_j^d(t) - X_i^d(t)) \qquad (6.41)$$

式中：$R_{ij}(t)$ 表示粒子 X_i 和 X_j 之间的欧式距离，这里使用的是 R 而不是 R^2，因为根据实验结果表明，R 比 R^2 有更好的结果。

在文献中，万有引力常数 G 在一开始被初始化，为了控制搜索精度，G 随着时间的推移而减小。换句话说，G 是初始值（G_0）和时间（t）的函数：

$$G(t) = G(G_0, t) \qquad (6.42)$$

本研究将 G 定义为随着循环代数变化的函数，得到的结果是 G 随着迭代次数的增加而减小，变化的公式为：

$$G = 100\exp\left(-20 \frac{iteration}{Max\_it}\right) \qquad (6.43)$$

式中：$iteration$ 表示迭代的次数，Max_it 表示群体迭代的最大次数。

任何粒子在力的作用下都会有一定的加速度，在 t 时刻粒子 i 的加速度定义为：

$$a_i(t) = \frac{F_i(t)}{M_i(t)} \tag{6.44}$$

粒子在万有引力的作用下会不断地更新，它在下一时间 $(t+1)$ 速度的定义为：

$$V_i(t+1) = randV_i(t) + a_i(t) \tag{6.45}$$

式中：$rand$ 是一个在 $(0,1)$ 之间的随机数，目的是让搜索更具有随机的特性，不局限于局部搜索。

粒子下一时间 $(t+1)$ 的位置定义为：

$$X_i(t+1) = X_i(t) + V_i(t+1) \tag{6.46}$$

质量越大的粒子对其他粒子的吸引力就越大，也就说明它的性能越优秀，更新惯性质量的公式为：

$$m_i(t) = \frac{fitness_i(t) - worst(t)}{best(t) - worst(t)} \tag{6.47}$$

$$M_i(t) = \frac{m_i}{\sum_{i=1}^{N} m_i} \tag{6.48}$$

在函数优化的最大化问题中，我们定义：

$$worst(t) = \min(fitness(t)) \tag{6.49}$$

$$best(t) = \max(fitness(t)) \tag{6.50}$$

改进的 GSA 步骤如下。

Step1：确定搜索空间的范围；

Step2：随机初始化粒子群，包括位置和速度；

Step3：计算每个个体的适应度值；

Step4：更新个体最优值 $Pbest$，群体最优值 $Gbest$，计算个体的质量 M；

Step5：更新万有引力常数 G，计算加速度 a；

Step6：更新群体，即个体位置和速度的更新；

Step7：返回 Step3，直到达到群体循环迭代的最大次数，退出搜索，输出最优解，结束。

GSA 算法流程如图 6.3 所示。

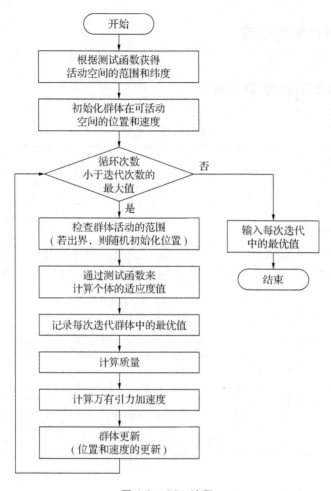

图 6.3 GSA 流程

GSA 的优点:

①粒子间通过引力进行沟通,不断调整自身,是一个自适应的过程;

②更新质量的过程,使得搜索的能力加强,质量越大的粒子,移动就越缓慢,那么它在周围的搜索就会进一步;

③对于常数 G 的变化,从迭代开始一直到循环结束,是一个递减的过程,与模拟退火算法降温的原理相似,可以将全局收敛于一点。

6.9 仿真实验与测试

6.9.1 测试函数的介绍（表6.1）

表6.1 测试函数

函数指数	函数名称	函数范围
F1	Sphere Model	$[-100, 100]$
F2	Schwefel's Problem 1	$[-10, 10]$
F3	Schwefel's Problem 2	$[-100, 100]$
F4	Schwefel's Problem 3	$[-100, 100]$
F5	Generalized Rosenbrock's Function	$[-30, 30]$
F6	Step Function	$[-100, 100]$
F7	Quartic Function with Noise	$[-1.28, 1.28]$
F8	Generalized Schwefel's Problem 2.26	$[-500, 500]$
F9	Generalized Rastrigin's Function	$[-5.12, 5.12]$
F10	Ackley's Function	$[-32, 32]$

6.9.2 测试函数的参数及空间显示图形

（1）Sphere Model（球面模型）

$$f(x) = \sum_{i=1}^{D} x_i^2, x_i = [-100, 100] \tag{6.51}$$

最小值点 $f_{\min} = 0$，对应的位置为 $x_{\min} = (0, 0, \cdots, 0)$。函数对应的空间模型见图6.4。

（2）Schwefel's Problem 1

$$f(x) = \sum_{i=1}^{D} |x_i| + \prod_{i=1}^{D} |x_i|, x_i = [-10, 10] \tag{6.52}$$

最小值点 $f_{\min} = 0$，对应的位置为 $x_{\min} = (0, 0, \cdots, 0)$。函数对应的空间模型见图6.5。

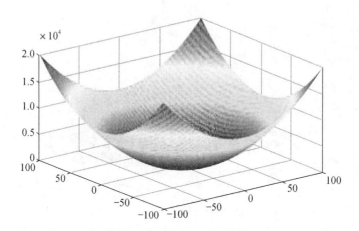

图 6.4　Sphere Model 模型

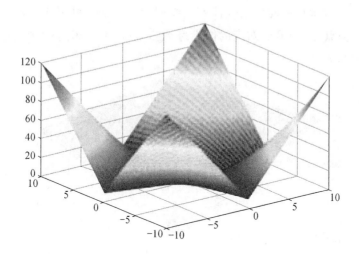

图 6.5　Schwefel's Problem l 模型

（3）Schwefel's Problem 2

$$f(x) = \sum_{i=1}^{D} \left(\sum_{j=1}^{D} x_j \right)^2 , x_i = [-100, 100] \tag{6.53}$$

最小值点 $f_{\min} = 0$ ，对应的位置为 $x_{\min} = (0, 0, \cdots, 0)$ 。函数对应的空间模型见图 6.6。

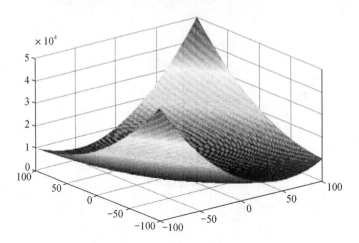

图 6.6   Schwefel's Problem 2 模型

(4) Schwefel's Problem 3

$$f(x) = \max\{\,|\,x_i\,|\,,1 \leqslant i \leqslant n\}\,,x_i = [\,-100,100\,] \tag{6.54}$$

最小值点 $f_{\min} = 0$ ，对应的位置为 $x_{\min} = (0,0,\cdots,0)$。函数对应的空间模型见图 6.7。

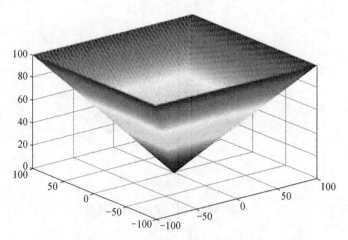

图 6.7   Schwefel's Problem 3 模型

(5) Generalized Rosenbrock's Function

$$f(x) = \sum_{i=1}^{n-1}\big[100(x_{i+1} - x_i^2)^2 - (x_i - 1)^2\big],x_i = [\,-30,30\,]$$

$$\tag{6.55}$$

$$f(x) = \sum_{i=1}^{n-1} \left[100(x_{i+1} - x_i^2)^2 + (x_i - 1)^2 \right], x_i = [-30, 30] \quad (6.56)$$

最小值点 $f_{min} = 0$ ，对应的位置为 $x_{min} = (1, 1, \cdots, 1)$ 。函数对应的空间模型见图 6.8。

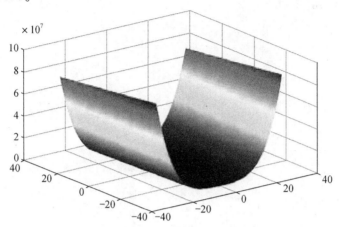

图 6.8　**Generalized Rosenbrock's Function 模型**

（6）Step Function

$$f(x) = \sum_{i=1}^{n-1} (|x_i + 0.5|)^2, x_i = [-100, 100] \quad (6.57)$$

最小值点 $f_{min} = 0$ ，对应的位置为 $x_{min} = (0, 0, \cdots, 0)$ 。函数对应的空间模型见图 6.9。

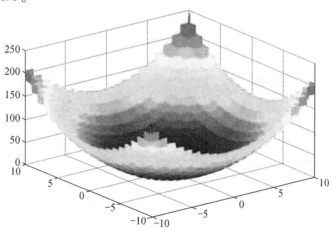

图 6.9　**Step Function 模型**

（7）Quartic Function with Noise

$$f(x) = \sum_{i=1}^{n} ix_i^4 + random[0,1), x_i = [-1.28, 1.28] \qquad (6.58)$$

最小值点 $f_{\min} = 0$，对应的位置为 $x_{\min} = (0, 0, \cdots, 0)$。函数对应的空间模型见图 6.10。

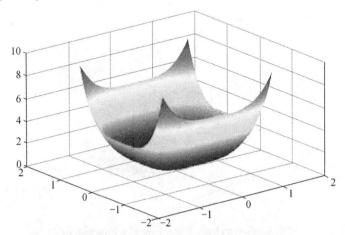

图 6.10　**Quartic Function with Noise 模型**

（8）Generalized Schwefel's Problem 2.26

$$f(x) = \sum_{i=1}^{n} [-x_i \sin(\sqrt{|x_i|})], x_i = [-500, 500] \qquad (6.59)$$

最小值点 $f_{\min} = 0$，对应的位置为 $x_{\min} = (0, 0, \cdots, 0)$。函数对应的空间模型见图 6.11。

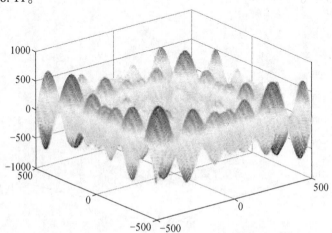

图 6.11　**Generalized Schwefel's Problem 2.26 模型**

（9）Generalized Rastrigin's Function

$$f(x) = \sum_{i=1}^{n} [x_i^2 - 10\cos(2\pi x_i) + 10], x_i = [-5.12, 5.12] \quad (6.60)$$

最小值点 $f_{min} = 0$ ，对应的位置为 $x_{min} = (0, 0, \cdots, 0)$ 。函数对应的空间模型见图 6.12。

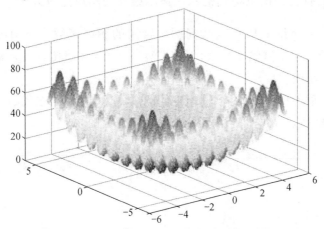

图 6.12　Generalized Rastrigin's Function 模型

（10）Ackley's Function

$$f(x) = \sum_{i=1}^{n} [x_i^2 - 10\cos(2\pi x_i) + 10], x_i = [-5.12, 5.12] \quad (6.61)$$

最小值点 $f_{min} = 0$ ，对应的位置为 $x_{min} = (0, 0, \cdots, 0)$ 。函数对应的空间模型见图 6.13。

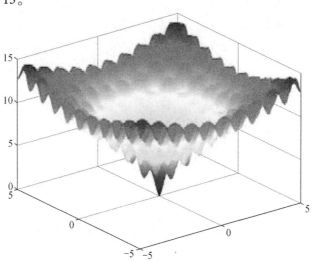

图 6.13　Ackley's Function 模型

6.10　改进的万有引力搜索算法验证及结果分析

6.10.1　万有引力结果与其他算法显示结果的图形比较分析

利用上文介绍的优化函数问题中常用的测试函数，分别对改进后的 GSA 和 PSO（粒子群优化算法）、蚁群算法及 GA（遗传算法）做测试，搜索函数的最小值。

设定种群大小 $N = 50$，搜索空间的纬度 $D = 30$，迭代的最大次数为 $Max\_it = 500$ 代。所得到的图形结果见图 6.14 至图 6.23。

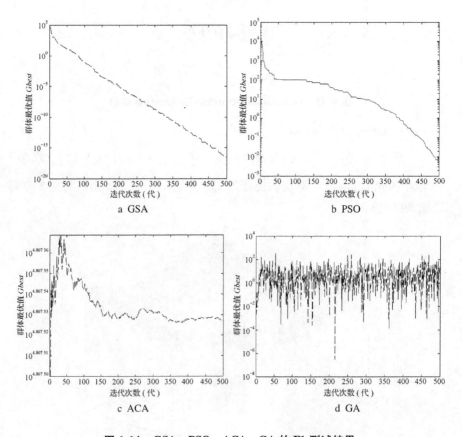

图 6.14　GSA、PSO、ACA、GA 的 F1 测试结果

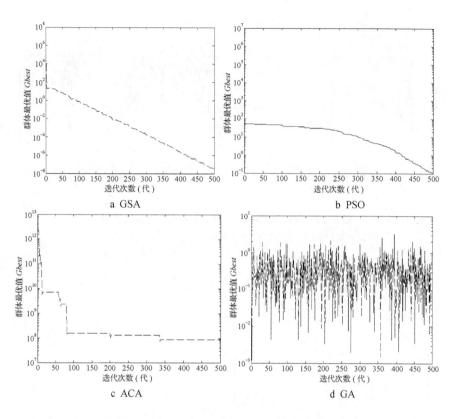

图 6.15　GSA、PSO、ACA、GA 的 F2 测试结果

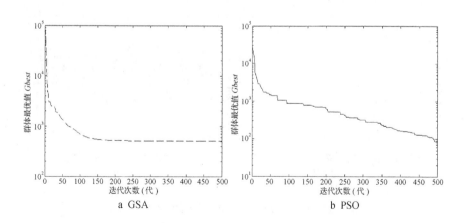

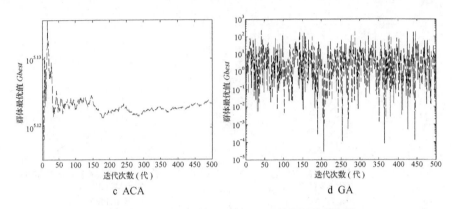

图 6.16　GSA、PSO、ACA、GA 的 F3 测试结果

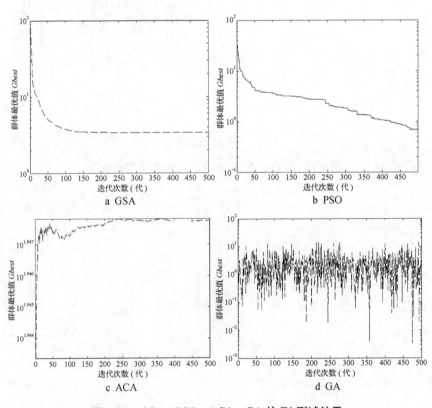

图 6.17　GSA、PSO、ACA、GA 的 F4 测试结果

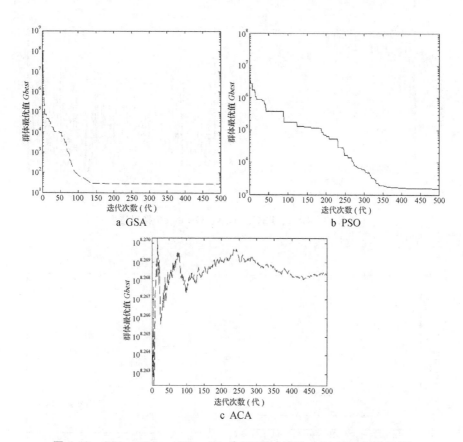

a GSA

b PSO

c ACA

图 6.18 GSA、PSO、ACA、GA 的 F5 测试结果（GA 图形无法运行）

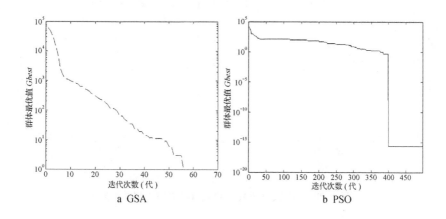

a GSA

b PSO

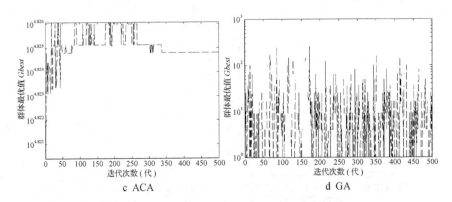

c ACA

d GA

图 6.19   GSA、PSO、ACA、GA 的 F6 测试结果

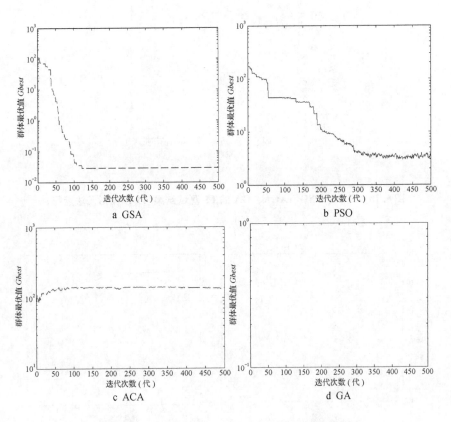

a GSA

b PSO

c ACA

d GA

图 6.20   GSA、PSO、ACA、GA 的 F7 测试结果

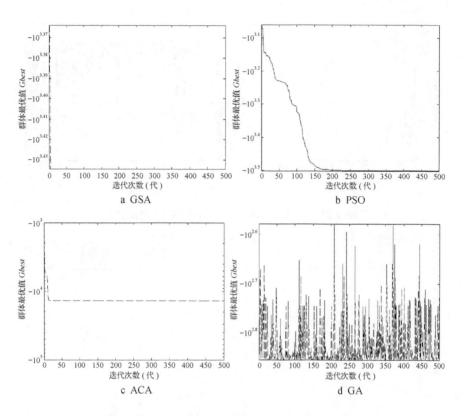

图 6. 21 GSA、PSO、ACA、GA 的 F8 测试结果

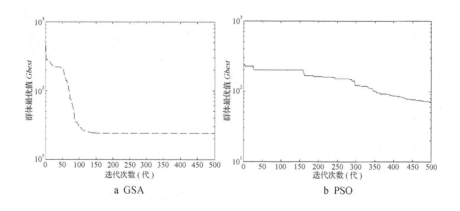

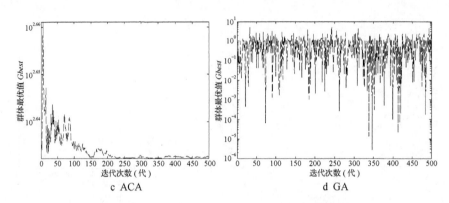

c ACA

d GA

图 6.22　GSA、PSO、ACA、GA 的 F9 测试结果

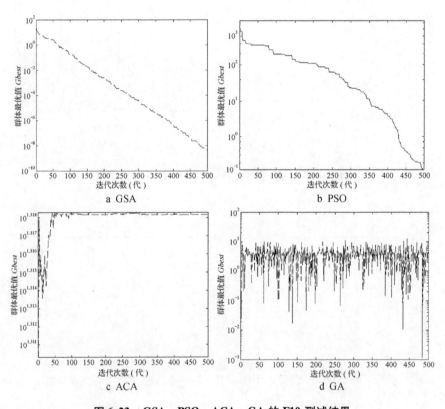

a GSA

b PSO

c ACA

d GA

图 6.23　GSA、PSO、ACA、GA 的 F10 测试结果

6.10.2　4 种算法在测试函数的实验数值

表 6.2 至表 6.5 是 GSA、PSO、ACA 和 GA 在运行 500 次后得到的平均适应度值、最优值、最差值、运行时间和最优值的方差。

表 6.2　GSA 最小化问题

函数指数	平均适应度值	最优值	最差值	运行时间(s)	最优值的方差
F1	6.1611e+002	6.2064e-017	1.3288e+005	6.8540e+000	1.5940e+007
F2	2.0792e+016	2.9048e-008	1.3847e+020	6.5660e+000	2.9782e+022
F3	7.7095e+003	3.9104e+002	6.4447e+006	7.7780e+000	2.0592e+007
F4	3.5051e+000	1.9876e+000	9.9900e+001	6.3130e+000	4.2274e+001
F5	1.2475e+006	2.7869e+001	6.6406e+008	7.6730e+000	9.8907e+013
F6	6.3721e+002	1	130954	6.6220e+000	1.3881e+007
F7	1.9763e+001	4.6997e-002	4.8595e+002	6.5020e+000	5.3594e+002
F8	-5.0290e+002	-3.6721e+003	2.0080e+003	6.4510e+000	3.0823e+003
F9	6.6685e+001	2.0894e+001	6.6570e+002	8.1570e+000	5.1584e+003
F10	9.6638e-001	5.0121e-009	2.1602e+001	6.4870e+000	4.7631e+000

表 6.3　PSO 最小化问题

函数指数	平均适应度值	最优值	最差值	运行时间(s)	最优值的方差
F1	1.0068e+003	-9.1778e-003	9.6101e+004	2.7830e+000	8.4035e-005
F2	1.6049e+014	-9.3887e-003	6.4608e+016	6.0270e+000	1.6659e-004
F3	1.0980e+004	-8.9146e+000	1.0930e+006	7.6000e+000	1.5217e+001
F4	8.7154e+000	-1.4033e+000	9.7237e+001	2.9070e+000	6.1703e-001
F5	2.9911e+006	-6.8828e-001	4.4225e+008	4.0220e+000	1.7178e-001
F6	7.9301e+002	-4.9020e-001	95387	3.7910e+000	8.3805e-002
F7	9.1223e+001	-1.2800e+000	3.1925e+002	3.8900e+000	7.6822e-002
F8	-1.8855e+003	-3.0259e+002	7.5663e+002	4.4020e+000	7.3963e+004
F9	3.8459e+002	-5.1200e+000	5.2628e+002	3.6240e+000	5.2175e+000
F10	7.4384e+000	-3.8506e-002	2.1169e+001	3.1340e+000	1.3502e-004

表6.4 ACA最小化问题

函数指数	平均适应度值	最优值	最差值	运行时间(s)	最优值的方差
F1	9.8070e+004	7.1161e+004	1.5106e+005	2.0870e+000	3.4056e+002
F2	7.9970e+020	5.2006e+005	1.3079e+023	2.1040e+000	2.0990e+022
F3	1.7043e+006	1.4023e+005	1.7020e+007	5.4510e+000	2.4944e+006
F4	9.6323e+001	8.5352e+001	1.0050e+002	3.0700e+000	2.8386e-003
F5	4.8265e+008	1.6480e+008	7.0063e+008	3.2770e+000	6.1969e+009
F6	9.9201e+004	62775	129775	2.5820e+000	3.6528e+003
F7	3.0185e+002	4.3275e+001	9.2847e+002	5.2750e+000	1.8371e+002
F8	-5.9540e+003	-1.1970e+004	1.6500e+003	2.6290e+000	9.2758e+005
F9	5.6215e+002	4.2430e+002	7.6981e+002	2.5150e+000	1.2178e+001
F10	2.1175e+001	2.0528e+001	2.1597e+001	3.3750e+000	7.9911e-004

表6.5 GA最小化问题

函数指数	平均适应度值	最优值	最差值	运行时间（s）	最优值的方差
F1	7.0420e+003	2.8891e-007	2.1830e+004	3.5670e+000	1.0303e+003
F2	1.2339e+001	1.2043e-003	2.5490e+001	4.1200e+000	1.8616e-001
F3	6.9747e+003	3.0093e-005	2.1825e+004	4.0230e+000	8.5837e+002
F4	7.1227e+001	3.3036e-003	1.4772e+002	4.0660e+000	7.1382e+000
F5	NaN	NaN	NaN	NaN	NaN
F6	6.9215e+003	0	21904	4.0230e+000	8.7341e+002
F7	NaN	NaN	NaN	6.9950e+000	NaN
F8	1.5693e+000	-7.1507e+002	7.1507e+002	4.2870e+000	4.9004e+003
F9	1.8741e+001	2.7576e-006	4.8460e+001	4.1760e+000	6.6957e-001
F10	1.8848e+001	1.1468e-003	2.2348e+001	6.5190e+000	5.1877e+000

对比GSA与PSO的表格可以看出：GSA在搜索过程中，能更快地搜索到最优值，也就是说其搜索能力更强，整个搜索过程的最优ACA值更贴近测试函数的最优值。

对比GSA与ACA的表格可以看出：ACA很不稳定，搜索的过程偏离了最优解，局部搜索能力和收敛能力比 GSA 要差。

对比 GSA 与 GA 的表格可以看出：GA 的最优值浮动较大，从一开始得到的最优值，以后的值几乎都在其周围活动，遗传算子的选择不佳，将直接影响 GA 工作效率。

表格的数据为 4 种算法在 MATLAB 环境中运行得出的平均适应度值、最优值、最差值、算法的运行时间和最优值的方差值。通过比较平均适应度值，GSA 相对其他 3 种算法在不同测试函数中得到的平均适应度值要更小，更为贴近测试函数的最优值；GSA 得到的最优值更加靠近测试函数的最优值，最差值也偏离测试函数最优值较小，运行时间却比其他 3 种算法要花费得多，几乎都在 6～7 s，在时间开销上，PSO 要更加优秀；方差是体现数据偏离程度的，表格中的数据显示出 GSA 比其他算法的偏差值要略大一些，也就是说从一开始的解到最后一次迭代的全局最优解的变化，也从侧面说明了 GSA 的搜索能力跳出了局部搜索的局限。

6.11　万有引力搜索算法在多目标函数优化中的应用

6.11.1　多目标函数优化问题概述

多目标优化问题一直都存在于人们的日常生活中，因此一直是人们关注的热点问题。1951 年，T. C. Koopmans 首次提出了 Pareto 最优解，这个理论一直被继承和发展着。在现实生活中，优化问题很大一部分是由多个子目标组成的，并且这些子目标一般也是对立的。所以说，想让所有的子目标都达到最优，问题有唯一解是不太可能的，因此，多目标优化问题的解最常见的表示形式为一个集合。

目标函数：用决策变量表示的、反应所设计问题性能的函数表达式。

最优解：满足约束条件且使所有目标函数达到要求的最大值或最小值的点称为多目标优化问题的最优解。

条件最优解：满足多目标优化问题的约束条件且满足根据需要设定条件的可行解称为条件最优解。

多目标函数优化问题在数学上常见的定义为：

$$\min y = f(x) = \{f_i(x), f_2(x), f_3(x), \cdots, f_m(x)\} \tag{6.62}$$

受约束于：

$$g(x) = \{g_1(x), g_2(x), g_3(x), \cdots, g_m(x)\} \leqslant 0 \qquad (6.63)$$

$$h(x) = \{h_1(x), h_2(x), h_3(x), \cdots, h_l(x)\} < 0 \qquad (6.64)$$

$$a < x < b \qquad (6.65)$$

式中：x 是决策变量，a、b 为 x 的约束范围。

对于一个多目标函数，要寻求它的解，比寻找单目标函数的解要困难很多，于是我们可以将原多目标函数转换成只有一个目标函数的单目标函数优化问题。

假设一个有 s 个目标函数的多目标函数，使用单目标化解法的基本步骤如下。

Step1：构造目标函数（表6.6）。

$$f = (f_1, f_2, f_3, \cdots, f_s) \qquad (6.66)$$

表 6.6　几种常用的目标函数

名称	函数形式
均衡优化函数	$f(f_1, f_2, f_3, \cdots, f_s) = f_1 + f_2 + \cdots + f_s$
权重优化函数	$f(f_1, f_2, f_3, \cdots, f_s) = \omega_1 f_1 + \omega_2 f_2 + \cdots + \omega_s f_s$
平方和优化函数	$f(f_1, f_2, f_3, \cdots, f_s) = \sum_{i=1}^{s} f_i^2$
平方和均衡优化函数	$f(f_1, f_2, f_3, \cdots, f_s) = \sum_{i=1}^{s} \omega_i f_i^2$

注：$\omega_1, \omega_2, \cdots, \omega_s$ 为大于零的权重系数。

Step2：建立单目标函数模型。

$$\min f = f(f_1, f_2, f_3, \cdots, f_s) \qquad (6.67)$$

受约束于：

$$g_i(x_1, x_2, \cdots, x_n) = 0 \qquad (6.68)$$

求解以上单目标函数的最优解，即可得到其前身多目标函数的最优解。

6.11.2　多目标函数优化问题举例及结果分析

问题（1）：

$$\min(x^3 + 3x^2 + 2) \qquad (6.69)$$

$$\max(x\sin(x) + \cos(x) + 3) \qquad (6.70)$$

受约束于：

$$x^2 - 3x - 4 \leqslant 0 \tag{6.71}$$

$$x - 2 < 0 \tag{6.72}$$

构造单目标函数：

$$f(x,y) = (x^3 + 3x^2 + 2) - (x\sin(x) + \cos(x) + 3) \tag{6.73}$$

采用权重优化函数的方式对问题（1）中的各个子目标函数进行加权处理，其中的权系数为：

$$\omega_i = \frac{w_i}{\sum_{j=1}^{n} w_j} \tag{6.74}$$

式中：w_j 为随机的正数，一般根据相关领域经验和问题的复杂程度来决定。例如，给定最大化的权重比例为 $\omega_1 = 0.8$，最小化的权重比例为 $\omega_2 = 0.2$，得到求解模型：

$$\min f(x,y) = \omega_2(x^3 + 3x^2 + 2) - \omega_1(x\sin(x) + \cos(x) + 3) \tag{6.75}$$

受约束于：

$$x^2 - 3x - 4 \leqslant 0 \tag{6.76}$$

使用罚函数法将约束最优化问题转成无约束最优化问题：

由于约束条件 $g(x) = x^2 - 3x - 4 \leqslant 0$ 等价于：

$$\min(0, -g(x)) = 0 \tag{6.77}$$

得到原多目标优化问题中构造罚函数为：

$$f(x) = 0.2(x^3 + 3x^2 + 2) - 0.8(x\sin(x) + \cos(x) + 3) - (x^2 - 3x - 4)^2 \tag{6.78}$$

假定取值范围 $-100 \leqslant x \leqslant 100$，每个算法运行 500 次，种群大小 $N = 50$，以下是 GSA、PSO、ACA、GA 求出的结果曲线（表 6.7、图 6.24 至图 6.27）。

表 6.7　GSA、PSO、ACA、GA 的结果曲线相关值

算法	平均适应度值	最优值	最差值	运行时间(s)	最优值的方差
GSA	$-6.8295e+007$	$-1.0388e+008$	$1.2590e+002$	$3.6720e+000$	$1.6138e+012$
PSO	$-4.2979e+007$	-100	$-1.8529e+006$	$2.1890e+000$	0
ACA	$-1.2032e+008$	$-1.3348e+008$	$-4.0256e+001$	$3.6960e+000$	$4.3532e+012$
GA	$-8.9105e+007$	$-4.9837e+008$	$1.2590e+002$	$4.1370e+000$	$1.5597e+015$

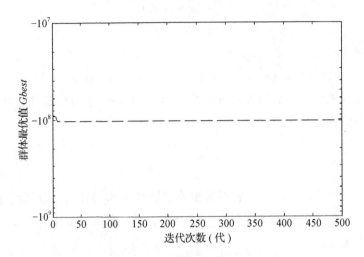

图 6.24　GSA 对问题（1）的运行结果

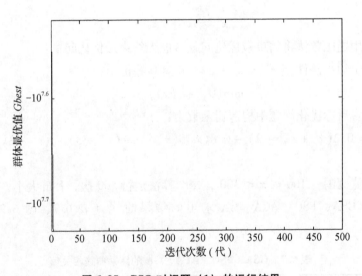

图 6.25　PSO 对问题（1）的运行结果

可以得出：

①运行时间，GSA 相比 ACA、GA 的时间要短，比 PSO 的时间要长些；

②寻找最优值的结果，PSO 搜索到的值较其他 3 项的值偏差过大；

③GSA 最优值的方差相对较小。

从图 6.24 至图 6.27 中可以看出，GSA 从一开始就能很快很稳定地搜索

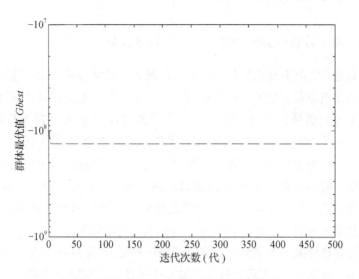

图 6. 26　ACA 对问题（1）的运行结果

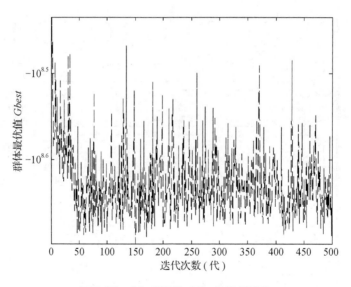

图 6. 27　GA 对问题（1）的运行结果

到全局最优解，与 ACA 的下降收敛过程很相像，即一开始有一个降落的过程，但很快会达到平稳的状态；PSO 的落差很大，开始几代的时候值就不变了，局部收敛，而全局搜索并没有得到很好的应用；GA 的值在开始的 50 次迭代差不多也趋于稳定的状态。

6.11.3 基于万有引力搜索算法的人员疏散模型

人类是一个具有社会集体活动行为的种群，常常会聚集在一起进行某项活动，如在电影院看电影，在剧院看表演，在操场看台上观看足球联赛，在建筑物中人们居住、办公、学习等，当紧急情况（起火、煤气管道泄漏、地震）意外发生的时候，就需要人们迅速有效撤离事故发生地。人们都希望在最短时间内选择最近的撤离路线离开危险区，但撤离的时候又需要考虑很多因素：时间问题、安全通道距离问题、人员是否太过拥挤、撤离的速度。也就是说，想要完美地解决这类疏散问题，要同时考虑很多的约束条件，用数学上的表述，即这是一个多目标函数优化问题。

假设在这样的一个场景：一张百货商场平面图，同一平面划分成 6 层不同的卖场，如图 6.28 所示。每层都有 6 个通道口，火警铃声响起，所有人员都要撤离，其中圆点代表每一层的出口节点，直线表示选择节点的路线。

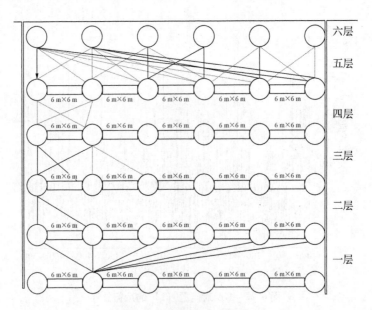

图 6.28 百货商场平面图

针对这个问题，本研究提出针对人员疏散的最短时间选择最短路径的多目标函数优化模型：

$$\min f_1 = \sum_{i=1}^{N} \sum_{i=s_0}^{Path} t_{(a,b)} \tag{6.79}$$

$$\min f_2 = \sum_{i=1}^{N} \sum_{i=s_\Omega}^{Path} l_{(a,b)} \qquad (6.80)$$

受约束于：

$$t_{(a,b)} = \frac{l_{(a,b)}}{v_{(a,b)}} \qquad (6.81)$$

$$v_{(a,b)} = v_{(a,b)} e^{-\left(r_1 \frac{Num(t)}{C(t)}\right)} \frac{1}{traffic(t)} \qquad (6.82)$$

$$traffic(t) = r_2 Num(t) \qquad (6.83)$$

式中：N 为楼里的总人数，i 为个人，$Path$ 为疏散路径，s_Ω 为每个人的初始位置，$t_{(a,b)}$ 表示从 a 位置到 b 位置的时间，$l_{(a,b)}$ 为个人从 a 位置到 b 位置的距离，$v_{(a,b)}$ 为从 a 位置到 b 位置的速度，$Num(t)$ 为当前节点的人数，$C(t)$ 为每个楼梯所能容纳的最多人数，r_1 为调节通行速度的参数，r_2 为拥堵程度系数。当 $\frac{Num(t)}{C(t)} \leqslant 0.5$ 的时候，认为该通道口较为顺畅。

使用 GSA 搜索最优方案：GSA 的搜索过程已经在第三章详细介绍过了，即质量越大的粒子对其他粒子的吸引力越大，但是在疏散问题中，吸引的人员越多，拥堵性就越大，则 GSA 步骤的相应改动如下。

Step1：初始化种群在节点上的位置；

Step2：$i = 1$，移动到下一层中的节点；

Step3：若到了第一层中的任意节点出口，进行下一步，否则回到 Step2；

Step4：$i = i + 1$，若 $i \geqslant N$ 则进行下一步，否则返回 Step2；

Step5：记录当前路径，计算其适应度值；

Step6：重新回到初始位置，直到迭代结束。

第七章　基于模拟退火思想的万有引力搜索算法

GSA 作为新兴的智能优化算法，其发展前景十分广阔。相比其他较传统的经典算法，GSA 的确存在明显的优势，但与其他智能优化算法一样，GSA 并不是十全十美的，它本身也存在一定的缺陷。例如，缺少局部搜索机制、求解精确性不够等。本章主要研究 GSA 的改进，将模拟退火思想（SA）与 GSA 相结合，提高 GSA 的搜索能力，降低算法陷入局部最优的概率。

7.1　基于 Metropolis 准则的位置更新策略

由粒子速度 v 和位置 x 的更新公式：

$$v_i^d(t+1) = rand_i v_i^d(t) + a_i^d(t) \qquad (7.1)$$

$$x_i^d(t+1) = x_i^d(t) + v_i^d(t+1) \qquad (7.2)$$

可知，速度更新的随机性使得粒子位置的更新也具有一定的随机性，而 GSA 本身并没有什么策略可以保证粒子向着最优的方向移动。换而言之，粒子可能会从一个适应度值高的位置向适应度值低的位置移动。以求解最小问题为例，则可能造成 $fit_{i+1}(t) > fit_i(t)$，这对最小值问题求解是十分不利的。

为了解决 GSA 存在的这个问题，本章引用了模拟退火思想，针对粒子位置的更新，提出了基于 Metropolis 准则的更新策略。Metropolis 准则的更新策略描述如下：

根据公式（7.2）计算出粒子下一个可能的位置 $x_i(t+1)$。

根据 Metropolis 准则判断能否接受 $x_i(t+1)$ 作为粒子 i 的下一个位置。具体判断步骤如下：

若 $\begin{cases} fit_{i+1}(t) \leq fit_i(t) \\ rand \leq \exp(-fit_{i+1}(t) - fit_i(t)/T) \end{cases}$，则接受 $x_i(t+1)$ 作为粒子 i 的下

一个位置；否则拒绝接受位置 X 的更新，粒子 i 的下一个位置仍为当前位置，即 $x_i(t+1) = x_i(t)$。其中，$fit_{i+1}(t)$ 为粒子 i 的下一个位置 $x_i(t+1)$ 的适应度值，$rand$ 是 $[0,1]$ 上满足均匀分布的随机数。

综上所述，Metropolis 准则的引入，使得粒子在进行位置更新时并不是全概率地接受差解，而是以 $\exp(-fit_{i+1}(t) - fit_i(t)/T) > rand$ 的概率接受差解。Metropolis 准则的更新策略在一定程度上避免了粒子的退化。

7.2　基于模拟退火的万有引力搜索算法

根据前面的分析发现，GSA 虽拥有较强的全局搜索能力，但其局部搜索能力却有待加强，而 SA 则正好相反，其具有较强的局部搜索能力。本章将两种算法相结合，取长补短，从而增强了 GSA 的局部搜索能力，改善其容易陷入局部最优解的情况，提高了算法的总体性能。

SA-GSA 流程如图 7.1 所示。

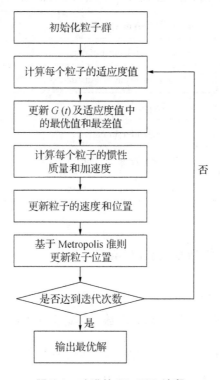

图 7.1　改进的 SA-GSA 流程

SA - GSA 以 GSA 为基础框架，引入 SA 的思想，从而进行最优解的搜索，防止算法过早收敛。本章对算法的改进主要是在 GSA 在初始化、计算适应度值、更新 $G(t)$、计算粒子惯性质量 M 和加速度 a，以及更新粒子的速度 v 和位置 x 后，使用 Metropolis 准则判断是否接受位置的更新。

7.3 测试函数介绍

测试函数见表 7.1。

表 7.1 测试函数介绍

函数指数	函数名称	函数范围
F1	Generalized Tridiagonal 1 Function	$[2, 100]$
F2	Zakharov Function	$[-50, 50]$
F3	Moved Axis Parallel Hyper-ellipsoid Function	$[-50, 50]$
F4	Sum of Different Power Function	$[-1, 1]$
F5	Styblinski-Tang Function	$[-5, 5]$
F6	Goldstein-Price's Function	$[-50, 50]$
F7	Easom's Function	$[-100, 100]$
F8	Eggholder Function	$[-600, 600]$
F9	Xin-She Yang 2 Function	$[-6, 6]$
F10	Xin-She Yang 4 Function	$[-20, 20]$

7.4 测试函数的参数及空间模型

（1）Generalized Tridiagonal 1 Function
该测试函数又名广义三对角线函数，其定义如下：

$$f(x) = \sum_{i=1}^{N-1} (x_i + x_{i+1} - 3)^2 + (x_i - x_{i+1} + 1)^4, x_i = [-2, 100] \quad (7.3)$$

其中，全局最小值 $f(x_i) = 0$。函数图像见图 7.2。

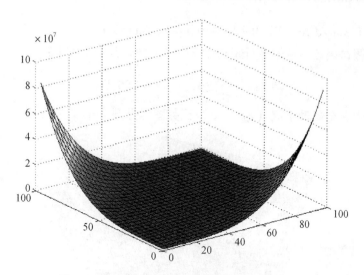

图 7.2　**Generalized Tridiagonal 1 Function** 模型

（2）Zakharov Function

该测试函数除了全局最小值外没有局部最小值，其定义如下：

$$f(x) = \sum_{i=1}^{N} x_i^2 + \left(\sum_{i=1}^{N} 0.5ix_i \right)^2 + \left(\sum_{i=1}^{N} 0.5ix_i \right)^4, x_i = [-50,50] \quad (7.4)$$

其中，全局最小值 $f(x_i) = 0$。函数图像见图 7.3。

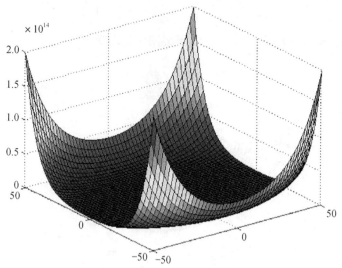

图 7.3　**Zakharov Function** 模型

（3）Moved Axis Parallel Hyper-ellipsoid Function

该测试函数是从轴平行超椭球体中导出的，其定义如下：

$$f(x) = \sum_{i=1}^{N} 5ix_i^2, x_i = [-50,50] \tag{7.5}$$

其中，全局最小值$f(x_i) = 0$。函数图像见图7.4。

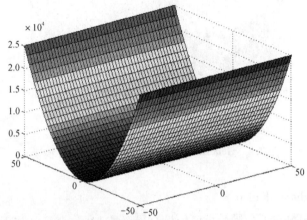

图 7.4　Moved Axis Parallel Hyper-ellipsoid Function 模型

（4）Sum of Different Power Function

该测试函数是一种常用的单峰测试函数，其定义如下：

$$f(x) = \sum_{i=1}^{N} |x_i|^{(i+1)}, x_i = [-1,1] \tag{7.6}$$

其中，全局最小值$f(x_i) = 0$。函数图像见图7.5。

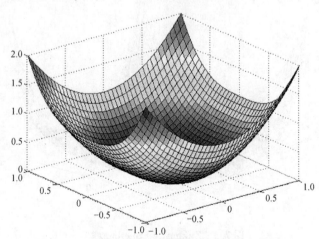

图 7.5　Sum of Different Power Function 模型

（5）Styblinski-Tang Function

该测试函数最优解受选择测试维度的影响，维度为 N ，其定义如下：

$$f(x) = \frac{1}{2} \sum_{i=1}^{N} x_i^4 - 16x_i^2 + 5x_i, x_i = [-5,5] \tag{7.7}$$

其中，全局最小值 $f(x_i) = -39.165\,99N$ 。函数图像见图7.6。

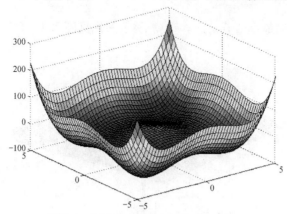

图7.6　Styblinski-Tang Function 模型

（6）Goldstein-Price's Function

该测试函数是一个全局优化测试函数，其定义如下：

$$f(x_1, x_2) = [1 + (x_1 + x_2 + 1)^2 (19 - 14x_1 + 3x_1^2 - 14x_2 + 6x_1 x_2 + 3x_2^2)]$$
$$[30 + (2x_1 - 3x_2)^2 (18 - 32x_1 + 12x_1^2 + 48x_2 - 36x_1 x_2 + 27x_2^2)], x_i = [-50,50] \tag{7.8}$$

其中，全局最小值 $f(x_i) = 3$ 。函数图像见图7.7。

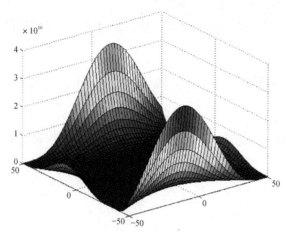

图7.7　Goldstein-Price's Function 模型

（7）Easom's Function

该测试函数是一个单向测试函数，全局最小值相对于搜索空间有一个小区域。这个函数被倒置以最小化。其定义如下：

$$f(x_1,x_2) = -\cos(x_1)\cos(x_2)e^{-((x_1-\pi)^2+(x_2-\pi)^2)}, x_i = [-100,100]$$

$$(7.9)$$

其中，全局最小值 $f(x_i) = -1$。函数图像见图7.8。

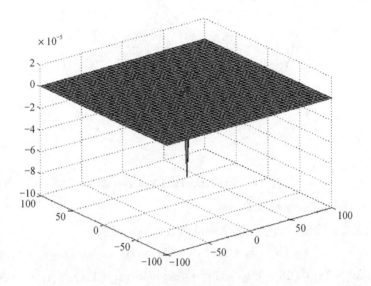

图7.8　Easom's Function 模型

（8）Eggholder Function

该测试函数是一个难以优化的函数，因为它有大量的局部极小值。其定义如下：

$$f(x) = -(x_2 + 47)\sin\left(\sqrt{\left|x_2 + \frac{x_1}{2} + 47\right|}\right) - x_1\sin(\sqrt{|x_1 - (x_2 + 47)|}),$$

$$x_i = [-600,600] \qquad (7.10)$$

其中，全局最小值 $f(x_i) = -959.6407$。函数图像见图7.9。

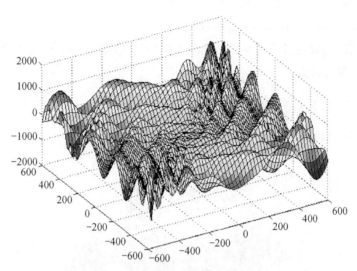

图 7.9　**Eggholder Function** 模型

（9）Xin-She Yang 2 Function

该测试函数定义了 Xin-She Yang 2 全局优化问题。这是一个多模态最小化问题，其定义如下：

$$f(x) = \frac{\sum_{i=1}^{N} |x_i|}{e^{\sum_{i=1}^{N}\sin(x_i^2)}}, x_i = [-6,6] \tag{7.11}$$

其中，全局最小值 $f(x_i) = 0$。函数图像见图 7.10。

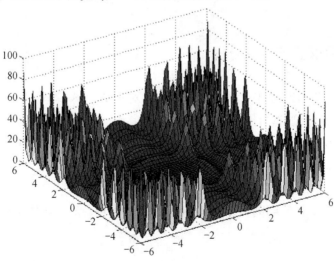

图 7.10　**Xin-She Yang 2 Function** 模型

（10）Xin-She Yang 4 Function

该测试函数定义了 Xin-She Yang 4 全局优化问题。这是一个多模态最小化问题，其定义如下：

$$f(x) = \Big[\sum_{i=1}^{N} \sin^2(x_i) - e^{-\sum_{i=1}^{N} x_i^2} \Big] e^{\sum_{i=1}^{N} \sin^2 \sqrt{|x_i|}}, x_i = [-20, 20] \quad (7.12)$$

其中，全局最小值 $f(x_i) = -1$。函数图像见图 7.11。

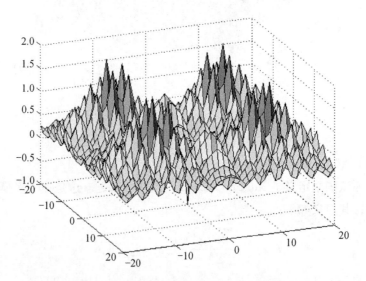

图 7.11　Xin-She Yang 4 Function 模型

7.5　仿真实验与结果分析

利用上节列出的 10 个测试函数，分别对 GSA、SA-GSA、SA 及 GA 进行 10 维、30 维的测试，计算函数的最小值。其中，SA 和 GA 在进行函数测试时直接调用了 MATLAB R2014a 中的 SA、GA 工具箱。4 种搜索算法的参数设置分别如下：

（1）GSA

设种群大小 $N = 50$，搜索空间的维度 $Dim = 30$，最大迭代次数 $Max\_it = 1000$ 代。

（2）SA-GSA

设种群大小 $N = 50$，搜索空间的维度 $Dim = 30$，最大迭代次数 $Max\_it =$

1000 代，温度初始状态 $T_{max} = 1000$，终止状态 $T_{min} = 1e - 3$，冷却速率 $q = 0.99$。

（3）SA

设温度初始状态 $InitialTemperature = 100$，终止状态 $TolFun = 1e - 100$，最大迭代次数 $Max\_it = 1000$ 代。

（4）GA

设种群大小 $N = 50$，精英数目 $EliteCount = 10$，最大迭代次数 $Generations = 1000$ 代，交叉比例 $CrossoverFraction = 0.75$，适应度函数偏差 $TolFun = 1e - 100$。

7.5.1 低维实验结果分析

（1）GSA 与 SA-GSA 的收敛曲线分析

图 7.12 至图 7.21 分别展示了 GSA 和 SA-GSA 在 10 维情况下的收敛曲线。

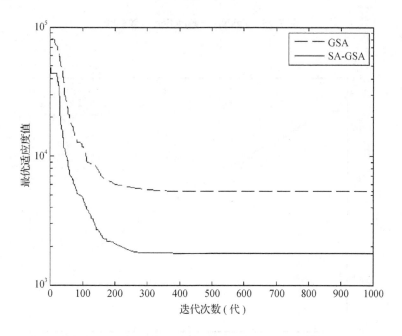

图 7.12 Generalized Tridiagonal 1 Function 收敛曲线

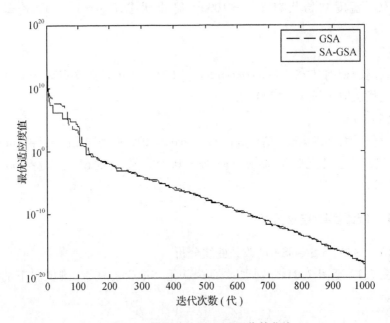

图 7.13　Zakharov Function 收敛曲线

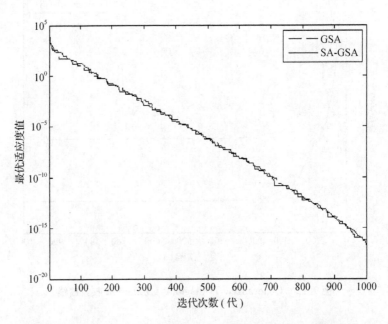

图 7.14　Moved Axis Parallel Hyper-ellipsoid Function 收敛曲线

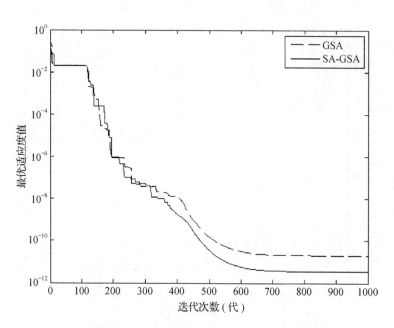

图7.15 Sum of Different Power Function 收敛曲线

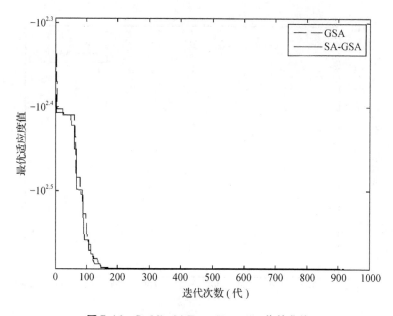

图7.16 Styblinski-Tang Function 收敛曲线

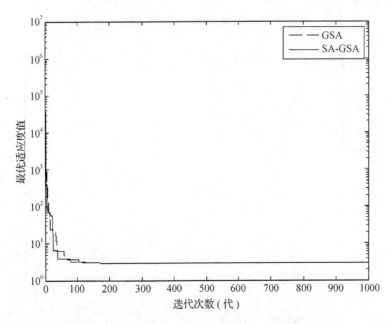

图 7.17　Goldstein-Price's Function 收敛曲线

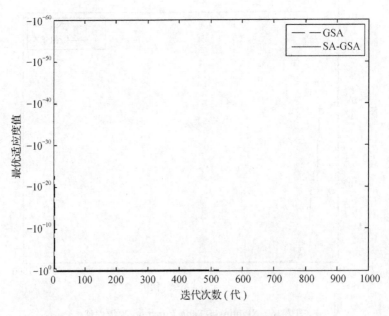

图 7.18　Easom's Function 收敛曲线

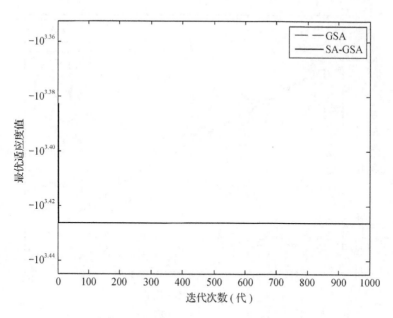

图 7.19　Eggholder Function 收敛曲线

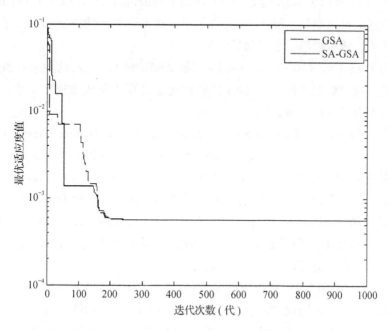

图 7.20　Xin-She Yang 2 Function 收敛曲线

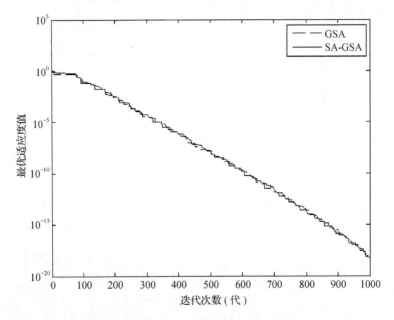

图 7.21　Xin-She Yang 4 Function 收敛曲线

图 7.12 展示了 GSA 与 SA-GSA 求解 Generalized Tridiagonal 1Function 的收敛曲线。可以看到，SA-GSA 的收敛速度比 GSA 的收敛速度要快，但 200次迭代后，两者都陷入了局部最优解。

图 7.13 展示了 GSA 与 SA-GSA 求解 Zakharov Function 的收敛曲线。可以看到，前 100 次迭代，SA-GSA 的收敛速度比 GSA 的收敛速度要快，而且两者都没有陷入最优解。

图 7.14 展示了 GSA 与 SA-GSA 求解 Moved Axis Parallel Hyper-ellipsoid Function 的收敛曲线。可以看到，GSA 与 SA-GSA 的收敛速度没什么差别。

图 7.15 展示了 GSA 与 SA-GSA 求解 Sum of Different Power Function 的收敛曲线。可以看到，SA-GSA 在 200 次迭代后收敛速度开始快于 GSA。

图 7.16 和图 7.17 分别展示了 GSA 与 SA-GSA 求解 Styblinski-Tang Function、Goldstein-Price's Function 的收敛曲线。可以看到，在前 100 次迭代中，SA-GSA 的收敛速度较 GSA 有稍微的提高。

图 7.18 和图 7.19 分别展示了 GSA 与 SA-GSA 求解 Easom's Function、Eggholder Function 的收敛曲线。可以看到，GSA 和 SA-GSA 都是在一开始就收敛了，只是在 Easom's Function 中，算法收敛于最优解，而在 Eggholder Function 中算法则陷入了局部最优解。

图 7.20 展示了 GSA 与 SA-GSA 求解 Xin-She Yang 2 Function 的收敛曲线。可以看到，SA-GSA 在前 50 到 150 次迭代中收敛速度快于 GSA，而 200 次迭代后陷入局部最优。

图 7.21 展示了 GSA 与 SA-GSA 求解 Xin-She Yang 4 Function 的收敛曲线。可以看到，SA-GSA 和 GSA 的收敛速度相差不大。

总体而言，SA-GSA 在收敛速度上有一定提升。

表 7.2 至表 7.11 给出了 4 种算法在测试函数为 10 维的情况下的运行结果。

表 7.2　Generalized Tridiagonal 1 Function 低维实验数据

函数名称	指标	GSA	SA-GSA	SA	GA
Generalized Tridiagonal 1 Function	最大值	9.984e+03	1.002e+04	1.600e-03	0.000e+00
	最小值	2.230e+03	1.028e+03	6.275e-09	0.000e+00
	平均值	5.525e+03	3.703e+03	2.009e-04	0.000e+00
	标准差	2.587e+03	2.628e+03	4.698e-04	0.000e+00
	平均运行时间(s)	8.982e+00	1.007e+01	5.127e-01	1.058e+00

对于函数 Generalized Tridiagonal 1 Function，从表 7.2 可以看到，GSA 和改进后的 SA-GSA 求解效果并不理想，SA 求得的最优解十分接近全局最小值，而 GA 直接求得了函数的最优解 0，精确性很高。

表 7.3　Zakharov Function 低维实验数据

函数名称	指标	GSA	SA-GSA	SA	GA
Zakharov Function	最大值	3.255e-18	2.540e-18	5.500e-03	8.461e-05
	最小值	4.908e-19	9.836e-19	1.843e-08	2.613e-10
	平均值	1.453e-18	1.586e-18	6.974e-04	8.843e-06
	标准差	7.554e-19	4.996e-19	1.618e-03	2.526e-05
	平均运行时间(s)	1.088e+01	1.336e+01	5.025e-01	2.282e+00

对于函数 Zakharov Function，从表 7.3 可以看到，GSA、SA-GSA 的求解精度远远高于 SA、GA 的求解精度。但对于 SA-GSA 而言，与标准 GSA 相比较，其优化效果并不理想。

表 7.4　Moved Axis Parallel Hyper-ellipsoid Function 低维实验数据

函数名称	指标	GSA	SA-GSA	SA	GA
Moved Axis Parallel Hyper-ellipsoid Function	最大值	4.044e − 17	4.625e − 17	4.634e − 07	8.962e − 05
	最小值	2.114e − 17	1.103e − 17	8.494e − 14	1.279e − 09
	平均值	3.161e − 17	2.972e − 17	7.081e − 08	2.126e − 05
	标准差	6.522e − 18	1.069e − 17	1.471e − 07	3.399e − 05
	平均运行时间(s)	9.016e + 00	9.551e + 00	5.222e − 01	1.596e + 00

对于函数 Moved Axis Parallel Hyper-ellipsoid Function，从表 7.4 可以看到，GSA、SA-GSA 求解的最优值十分接近 0，比 SA、GA 求得的最优值小、精确度高。对于 GSA、SA-GSA 而言，SA-GSA 在最小值、平均值上都比 GSA 的要小，可见，SA-GSA 的求解精度比 GSA 高。

表 7.5　Sum of Different Power Function 低维实验数据

函数名称	指标	GSA	SA-GSA	SA	GA
Sum of Different Power Function	最大值	4.750e − 11	3.601e − 11	7.525e − 04	1.656e − 05
	最小值	5.005e − 14	3.180e − 14	9.611e − 09	2.952e − 09
	平均值	7.965e − 12	1.030e − 11	1.287e − 04	3.167e − 06
	标准差	1.447e − 11	1.274e − 11	2.152e − 04	5.139e − 06
	平均运行时间(s)	9.040e + 00	9.752e + 00	4.851e − 01	1.675e + 00

对于函数 Sum of Different Power Function，从表 7.5 可以看到，GSA、SA-GSA 明显优于 SA、GA。而对于 GSA、SA-GSA 而言，SA-GSA 优于 GSA，其求得的最小值、最大值都比 GSA 小。

表 7.6　Styblinski-Tang Function 低维实验数据

函数名称	指标	GSA	SA-GSA	SA	GA
Styblinski-Tang Function	最大值	− 3.775e + 02	− 3.634e + 02	− 5.611e + 01	− 3.917e + 01
	最小值	− 3.917e + 02	− 3.917e + 02	− 7.833e + 01	− 3.917e + 01
	平均值	− 3.861e + 02	− 3.818e + 02	− 7.345e + 01	− 3.917e + 01
	标准差	6.868e + 00	1.104e + 01	7.771e + 00	4.583e − 05
	平均运行时间(s)	8.983e + 00	9.864e + 00	4.847e − 01	1.763e + 00

函数 Styblinski-Tang Function 在 10 维时，其最优解为 391.6599。从表 7.6 可以看到，GSA、SA-GSA 的性能都非常好，求得的最小值都十分接近最优解。

表 7.7　Goldstein-Price's Function 低维实验数据

函数名称	指标	GSA	SA-GSA	SA	GA
Goldstein-Price's Function	最大值	3.000e + 00	3.000e + 00	9.052e + 01	3.015e + 00
	最小值	3.000e + 00	3.000e + 00	3.000e + 00	3.000e + 00
	平均值	3.000e + 00	3.000e + 00	1.991e + 01	3.004e + 00
	标准差	0.000e + 00	0.000e + 00	3.384e + 01	5.124e - 03
	平均运行时间(s)	9.224e + 00	1.006e + 01	5.018e - 01	2.275e + 00

对于函数 Goldstein-Price's Function，从表 7.7 可以看到，GSA、SA-GSA 的性能都非常好，可以求解出函数的最小值。GA 求出的最小值也非常接近最优解，但 SA 的求解效果不是很理想。

表 7.8　Easom's Function 低维实验数据

函数名称	指标	GSA	SA-GSA	SA	GA
Easom's Function	最大值	- 4.000e + 00	- 3.277e + 00	- 3.031e - 05	- 9.998e - 01
	最小值	- 1.000e + 00	- 1.000e + 00	- 3.031e - 05	- 1.000e + 00
	平均值	- 2.478e + 00	- 1.859e + 00	- 3.031e - 05	- 1.000e + 00
	标准差	1.037e + 00	9.218e - 01	3.388e - 21	6.403e - 05
	平均运行时间(s)	8.859e + 00	9.507e + 00	5.069e - 01	1.935e + 00

对于函数 Easom's Function，从表 7.8 可以看出，GSA、SA-GSA、GA 都可以求得函数的最优解 - 1，算法性能良好。其中，SA-GSA 的最大值、最小值、平均值都比 GSA 接近最优解。

表 7.9　Eggholder Function 低维实验数据

函数名称	指标	GSA	SA-GSA	SA	GA
Eggholder Function	最大值	- 3.511e + 03	- 2.955e + 03	- 5.198e + 01	- 1.264e + 02
	最小值	- 2.232e + 03	- 1.851e + 03	- 2.066e + 02	- 2.112e + 02
	平均值	- 2.809e + 03	- 2.569e + 03	- 1.231e + 02	- 1.349e + 02

函数名称	指标	GSA	SA-GSA	SA	GA
Eggholder Function	标准差	3.789e+02	2.963e+02	5.949e+01	2.543e+01
	平均运行时间(s)	8.981e+00	9.770e+00	4.977e-01	2.044e+00

对于函数 Eggholder Function, 从表 7.9 可以看出, GSA、SA-GSA 的求解效果并不理想, 而 GA 求得的值更接近函数最优解。

表 7.10 **Xin-She Yang 2 Function 低维实验数据**

函数名称	指标	GSA	SA-GSA	SA	GA
Xin-She Yang 2 Function	最大值	5.661e-04	5.661e-04	3.717e-01	6.800e-03
	最小值	5.661e-04	5.661e-04	1.681e-01	5.338e-04
	平均值	5.661e-04	5.661e-04	3.504e-01	3.438e-03
	标准差	0.000e+00	0.000e+00	6.083e-02	1.902e-03
	平均运行时间(s)	8.792e+00	9.557e+00	4.861e-01	1.996e+00

对于函数 Xin-She Yang 2 Function, 从表 7.10 可以看出, GSA、SA-GSA 的求解效果并不理想, 而 GA 求得的值更接近函数最优解。

表 7.11 **Xin-She Yang 4 Function 低维实验数据**

函数名称	指标	GSA	SA-GSA	SA	GA
Xin-She Yang 4 Function	最大值	1.166e-18	7.151e-19	1.500e-03	1.742e-06
	最小值	2.535e-19	1.384e-19	3.367e-08	-9.984e-01
	平均值	6.130e-19	4.895e-19	2.743e-04	-5.958e-01
	标准差	2.520e-19	1.775e-19	4.717e-04	4.865e-01
	平均运行时间(s)	8.991e+00	9.818e+00	4.815e-01	1.963e+00

对于函数 Xin-She Yang 4 Function, 从表 7.11 可以看出, 4 种算法求得的结果都比较接近最优值, 但 SA-GSA 的求解精度更高。

综上所述, 在测试函数都为 10 维时, 虽然在少部分的函数上, SA-GSA 的求解精度不是很理想, 但对大部分测试函数的求解都比其他算法优秀。

7.5.2　高维实验结果分析

图 7.22 至图 7.31 给出了 GSA 与 SA-GSA 在 10 个测试函数中的收敛曲线。

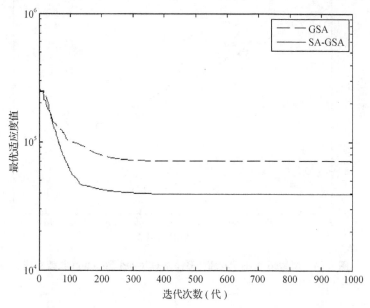

图 7.22　**Generalized Tridiagonal 1 Function 收敛曲线**

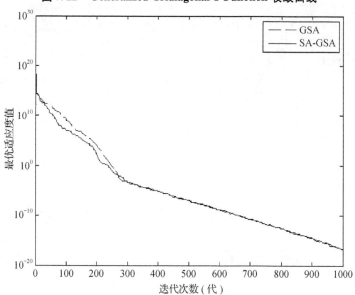

图 7.23　**Zakharov Function 收敛曲线**

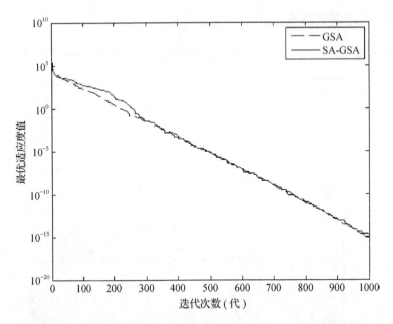

图 7.24 Moved Axis Parallel Hyper-ellipsoid Function 收敛曲线

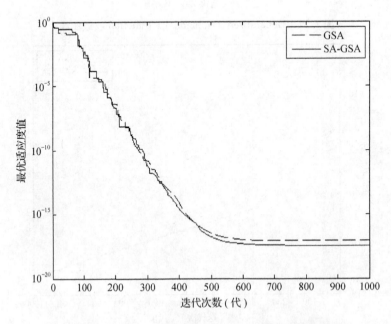

图 7.25 Sum of Different Power Function 收敛曲线

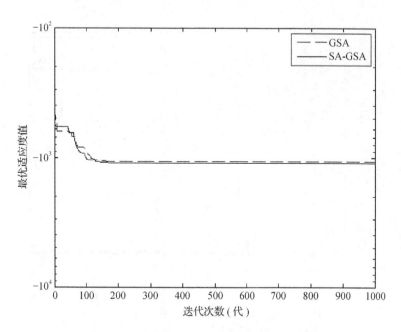

图 7. 26　**Styblinski-Tang Function** 收敛曲线

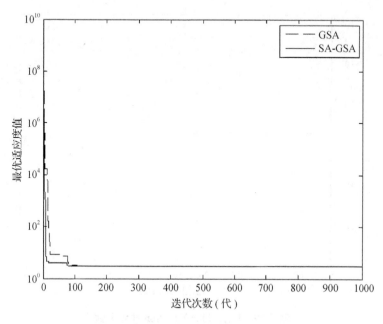

图 7. 27　**Goldstein-Price's Function** 收敛曲线

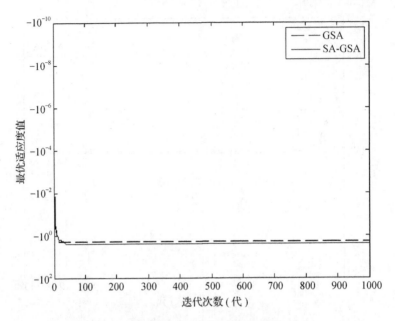

图 7.28　Easom's Function 收敛曲线

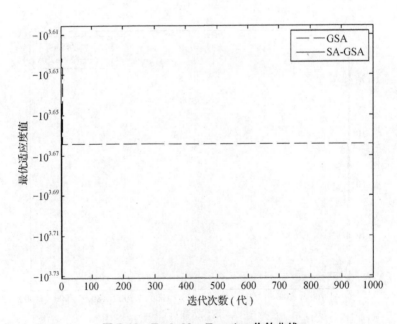

图 7.29　Eggholder Function 收敛曲线

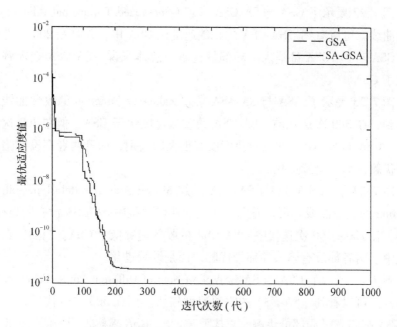

图 7.30　Xin-She Yang 2 Function 收敛曲线

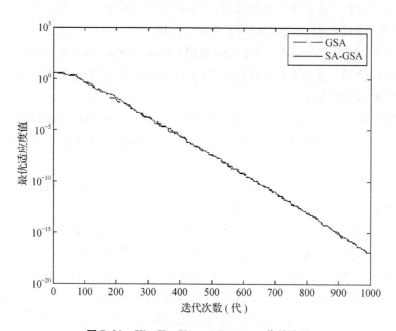

图 7.31　Xin-She Yang 4 Function 收敛曲线

图 7.22 展示了 GSA 与 SA-GSA 求解 Generalized Tridiagonal 1 Function 的收敛曲线。可以看到，SA-GSA 的收敛速度比 GSA 快，并且在 200 次迭代以后，GSA 与 SA-GSA 都陷入了局部最优解。总体来说，SA-GSA 在求解精度上优于 GSA。

图 7.23 展示了 GSA 与 SA-GSA 求解 Zakharov Function 的收敛曲线。可以看到，在 300 次迭代前，SA-GSA 的收敛速度快于 GSA，但在 300 次迭代以后，GSA 与 SA-GSA 的收敛速度没有很大的差别，而且两者都没有陷入局部最优解，而是继续进化。

图 7.24 展示了 GSA 与 SA-GSA 求解 Moved Axis Parallel Hyper-ellipsoid Function 的收敛曲线。可以看到，在整个迭代过程中 SA-GSA 没有明显提高，相反，在 100~300 次迭代中，SA-GSA 的收敛速度低于 GSA。当然，在求解过程中，两者都没有陷入局部最优解，而是继续进化。

图 7.25 展示了 GSA 与 SA-GSA 求解 Sum of Different Power Function 的收敛曲线。可以看到，SA-GSA 的收敛速度较快。而在 500 次迭代后，GSA 与 SA-GSA 都陷入了局部最优解。总体而言，SA-GSA 求解得到的值优于 GSA。

图 7.26 展示了 GSA 与 SA-GSA 求解 Styblinski-Tang Function 的收敛曲线。可以看到，在前 100 次迭代中，SA-GSA 的收敛速度较 GSA 有一定的提高。100 次迭代后，两者都陷入了局部最优解。

图 7.27 展示了 GSA 与 SA-GSA 求解 Goldstein-Price's Function 的收敛曲线。可以看到，在前 100 次迭代中，SA-GSA 的收敛速度比 GSA 要快，其可以较快地找到最优解。

图 7.28 展示了 GSA 与 SA-GSA 求解 Easom's Function 的收敛曲线。可以看到，在前 100 次迭代中，SA-GSA 的收敛速度比 GSA 要快，其可以较快地找到最优解。

图 7.29 展示了 GSA 与 SA-GSA 求解 Eggholder Function 的收敛曲线。可以看到，GSA、SA-GSA 的收敛速度都比较快。

图 7.30 展示了 GSA 与 SA-GSA 求解 Xin-She Yang 2 Function 的收敛曲线。可以看到，在前 200 次迭代中，SA-GSA 的收敛速度比 GSA 快。

图 7.31 展示了 GSA 与 SA-GSA 求解 Xin-She Yang 4 Function 的收敛曲线。可以看到，SA-GSA 和 GSA 的收敛速度没有很大的差别，而且在达到 1000 次迭代时，两种算法都没有陷入局部最优解，而是继续进化。

总体而言，SA-GSA 在大部分测试函数中收敛速度有所提高。例如，

图 7.22、图 7.23 等，可以看出，SA-GSA 相对于 GSA 在前几百次迭代中，收敛性有一定的提高，但在小部分测试函数中收敛速度和 GSA 没有明显差别，如图 7.24、图 7.25 等。这可能是由于 GSA 和测试函数的性质导致的。

表 7.12 至表 7.21 给出了 4 种算法在测试函数为 30 维时运行 10 次的测试结果。

表 7.12　Generalized Tridiagonal 1 Function 高维实验数据

函数名称	指标	GSA	SA-GSA	SA	GA
Generalized Tridiagonal 1 Function	最大值	7.975e+04	7.957e+04	1.850e+00	4.668e−05
	最小值	2.781e+04	2.993e+04	1.843e+00	4.431e−07
	平均值	5.229e+04	4.745e+04	1.844e+00	1.143e−05
	标准差	1.448e+04	1.342e+04	2.068e−03	1.387e−05
	平均运行时间(s)	1.299e+01	1.439e+01	1.101e+01	8.798e+00

对于函数 Generalized Tridiagonal 1 Function，从表 7.12 可以看到，GA 求得的最优解十分接近全局最小值，而 GSA 和 SA-GSA 的求解效果并不理想。

表 7.13　Zakharov Function 高维实验数据

函数名称	指标	GSA	SA-GSA	SA	GA
Zakharov Function	最大值	3.192e−17	2.996e−17	2.600e−03	7.928e−06
	最小值	1.227e−17	1.321e−17	1.121e−08	1.055e−09
	平均值	2.009e−17	1.961e−17	3.403e−04	1.935e−06
	标准差	5.180e−18	5.599e−18	7.615e−04	2.559e−06
	平均运行时间(s)	1.444e+01	1.973e+01	1.093e+01	9.192e+00

对于函数 Zakharov Function，从表 7.13 可以看到，GSA、SA-GSA 的优化效果比 SA、GA 好。SA-GSA 与 GSA 相比，其最大值、平均值均小于 GSA。

表 7.14 Moved Axis Parallel Hyper-ellipsoid Function 高维实验数据

函数名称	指标	GSA	SA-GSA	SA	GA
Moved Axis Parallel Hyper-ellipsoid Function	最大值	1.481e – 15	1.294e – 15	1.272e – 07	2.681e – 05
	最小值	5.874e – 16	4.266e – 16	2.055e – 25	1.758e – 07
	平均值	9.446e – 16	9.403e – 16	1.390e – 08	5.101e – 06
	标准差	3.001e – 16	2.600e – 16	3.783e – 08	7.775e – 06
	平均运行时间(s)	1.381e + 01	1.499e + 01	1.090e + 01	8.771e + 00

对于函数 Moved Axis Parallel Hyper-ellipsoid Function，从表 7.14 可以看到，GSA、SA-GSA 的求解精度高。对于 GSA、SA-GSA 而言，SA-GSA 在最小值、平均值、最大值上都比 GSA 小，可见，SA-GSA 性能比 GSA 好。

表 7.15 Sum of Different Power Function 高维实验数据

函数名称	指标	GSA	SA-GSA	SA	GA
Sum of Different Power Function	最大值	6.369e – 17	2.782e – 17	2.400e – 03	1.868e – 06
	最小值	2.120e – 21	5.352e – 22	1.948e – 07	4.687e – 10
	平均值	1.167e – 17	4.598e – 18	4.628e – 04	6.128e – 07
	标准差	1.985e – 17	8.411e – 18	7.299e – 04	5.549e – 07
	平均运行时间(s)	1.392e + 01	1.564e + 01	1.095e + 01	8.813e + 00

从表 7.13、表 7.14、表 7.15 可以看到，GSA、SA-GSA 大概优于 SA、GA $10^8 \sim 10^{15}$ 的数量级，而对于 GSA、SA-GSA 而言，SA-GSA 要优于 GSA。

表 7.16 Styblinski-Tang Function 高维实验数据

函数名称	指标	GSA	SA-GSA	SA	GA
Styblinski-Tang Function	最大值	– 1.076e + 03	– 1.062e + 03	– 6.419e + 01	– 3.917e + 01
	最小值	– 1.161e + 03	– 1.147e + 03	– 7.833e + 01	– 3.917e + 01
	平均值	– 1.114e + 03	– 1.116e + 03	– 7.535e + 01	– 3.917e + 01
	标准差	2.967e + 01	2.512e + 01	5.596e + 00	5.000e – 05
	平均运行时间(s)	1.432e + 01	1.573e + 01	1.075e + 01	9.006e + 00

函数 Styblinski-Tang Function 在 30 维时，其最优解为 – 1174.9797。从

表 7.16 可以看到，GSA、SA-GSA 的性能都非常好，求得的最小值都比较接近最优解。

表 7.17　Goldstein-Price's Function 高维实验数据

函数名称	指标	GSA	SA-GSA	SA	GA
Goldstein-Price's Function	最大值	3.000e+00	3.000e+00	9.173e+01	3.073e+00
	最小值	3.000e+00	3.000e+00	3.000e+00	3.000e+00
	平均值	3.000e+00	3.000e+00	1.727e+01	3.022e+00
	标准差	0.000e+00	0.000e+00	2.701e+01	2.163e-02
	平均运行时间(s)	1.419e+01	1.562e+01	1.088e+01	8.897e+00

对于函数 Goldstein-Price's Function，从表 7.17 可以看到，GSA、SA-GSA 的性能都非常好，求解出的最优解和全局最小值一致。GA 求出的最小值也非常接近最优解，但 SA 的求解效果则不是很理想。

表 7.18　Easom's Function 高维实验数据

函数名称	指标	GSA	SA-GSA	SA	GA
Easom's Function	最大值	-7.000e+00	-7.000e+00	-6.184e-01	-9.998e-01
	最小值	-1.000e+00	-3.000e+00	3.031e-05	-1.000e+00
	平均值	-4.667e+00	-4.517e+00	-6.187e-02	-1.000e+00
	标准差	1.621e+00	1.204e+00	1.855e-01	6.708e-05
	平均运行时间(s)	1.419e+01	1.539e+01	1.060e+01	8.779e+00

对于函数 Easom's Function，从表 7.18 可以看到，GA 可以求得函数的最优解 -1，算法性能良好，但其他 3 种算法都不是很理想。

表 7.19　Eggholder Function 高维实验数据

函数名称	指标	GSA	SA-GSA	SA	GA
Eggholder Function	最大值	-6.074e+03	-7.056e+03	-1.264e+02	-1.264e+02
	最小值	-4.142e+03	-4.360e+03	-5.823e+02	-2.025e+02
	平均值	-4.901e+03	-5.149e+03	-3.146e+02	-1.340e+02
	标准差	5.282e+02	7.197e+02	1.573e+02	2.283e+01
	平均运行时间(s)	1.398e+01	1.551e+01	1.088e+01	8.831e+00

对于函数 Eggholder Function，从表 7.19 可以看到，GSA、SA-GSA 的求解效果并不理想，而 SA 求得的值更接近函数最优解。

表 7.20 Xin-She Yang 2 Function 高维实验数据

函数名称	指标	GSA	SA-GSA	SA	GA
	最大值	3.512e−12	3.512e−12	3.717e−01	2.300e−03
Xin-She	最小值	3.512e−12	3.512e−12	2.880e−01	4.411e−05
Yang 2	平均值	3.512e−12	3.512e−12	3.588e−01	7.721e−04
Function	标准差	4.039e−28	4.039e−28	2.636e−02	8.494e−04
	平均运行时间(s)	1.372e+01	1.455e−01	1.042e+01	8.497e+00

表 7.21 Xin-She Yang 4 Function 高维实验数据

函数名称	指标	GSA	SA-GSA	SA	GA
	最大值	1.246e−17	1.065e−17	1.400e−03	−9.977e−01
Xin-She	最小值	4.449e−18	3.693e−18	−6.900e−02	−9.998e−01
Yang 4	平均值	8.319e−18	7.361e−18	−6.538e−03	−9.993e−01
Function	标准差	2.362e−18	1.844e−18	2.083e−02	6.051e−04
	平均运行时间(s)	1.412e+01	1.522e+01	1.082e+01	8.637e+00

从表 7.20、表 7.21 可以看到，GSA、SA-GSA 的求解都比较接近最优值，算法都比较稳定，而 GA、SA 则相对较差。

综上所述，除个别测试函数外，SA-GSA 在 30 维仍展现出较好的寻优能力，算法稳定性较强。

7.5.3 实验结论

根据上文实验数据分析，可以将实验结论归纳为以下几点。

①从算法的优化效果上：无论是低维还是高维，除了个别测试函数，SA-GSA 对于大部分测试函数都展现出较好的优化性能。与 SA、GA 相比，SA-GSA 在求解精度上有着较明显的优势。与 GSA 相比较，在大部分测试函数中 SA-GSA 的求解精度都有一定的提高。可见，Metropolis 准则的引入对 GSA 的优化是起到一定作用的，它提高了算法的求解精度。

②在算法的稳定性上：标准差反映组内个体间的离散程度。比较两个维

度的实验数据，可以发现在大部分的测试函数中，GSA、SA-GSA 的标准差都比 SA、GA 小，可以推出 GSA、SA-GSA 的稳定性比 SA、GA 好；而将 SA-GSA 和 GSA 相比较，则发现 SA-GSA 的标准差大部分都小于 GSA，可见 SA-GSA 的算法稳定性比 GSA 要好。

③在算法的运行时间上：通过对各算法平均运行时间的比较，不难发现，无论高维还是低维，SA-GSA、GSA 运行花费的时间比较多，大概会比 SA、GA 所用时间多 5~10 s。结合求解精度来看，可以发现，SA-GSA 求解精度最佳，而恰恰算法运行时间也最长。可见，算法求解精度的提高也意味着消耗了其他的资源，如时间、空间等。这两者之间的平衡也是我们未来需要进一步研究的。

④从算法的收敛速度上：无论是在 10 维还是 30 维的测试函数中，GSA 和 SA-GSA 的收敛曲线走向都大致相同，这是由于在 SA-GSA 中粒子位置的更新仍是由引力来引导，并且引力的计算方法也没有什么改变，因此，曲线的走向本质上不会有很大的改变。经过多个多维函数测试，可以发现 SA-GSA 较于 GSA 在收敛速度上有一定的提高。

在不同的测试函数及不同的维度等条件下，算法会有不同的收敛速度和优化效果。总体而言，SA-GSA 无论是在低维还是在高维的情况下，都表现出良好的优化性能。

第八章　混沌万有引力搜索算法

8.1　混沌算法

一般来讲，我们把在一个具有确定性的系统里，有很多类似不规则的随机运动的这种状态称为混沌。这种状况在混沌系统中的具体表现为具有不可重复性、不可预测性及模糊性，这便形成了混沌现象。混沌现象发生的过程中，不具备周期性，也不收敛，但具有一定的依赖性，主要表现在对初始值的设定上。混沌系统至今发展出了很多类系统，比较常见的有：一维离散混沌系统、二维超混沌系统和三维混沌系统等。本章主要介绍并应用了一维离散混沌系统中的一个应用广泛的动力系统：Logistic 映射，其具体内容如下。

（1）一维混沌系统

一维混沌系统是一个一维的离散时间非线性动力学系统，其具体定义如下：

$$x_{k+1} = \tau(x_k) \tag{8.1}$$

式中：$x_k \in V, k = 0,1,2\cdots,N$，这是一个状态。$x_k: V \to V$ 则被称为是一个映射，接下来的一个状态 x_{k+1} 是由目前的状态 x_k 映射而来。若设定一个初值 x_0，不断地对 τ 进行运算，便可得到被称为离散时间动力系统轨迹的一个序列 $\{x_k\}$。

（2）Logistic 映射

Logistic 映射又名虫口模型，它是一类比较经典的数学模型，主要作用为描述生物种群系统的演化过程，其表达简单且随机性能良好，广泛应用于混沌理论的研究当中。Logistic 映射的初始形式为：$x_{n+1} = x_n(a - bx_n)$，为了更加便捷地处理数学问题，设 $a = b = \mu$，从而改变为如下形式：

$$x_{n+1} = \mu x_n(1 - x_n), n = 1,2,3\cdots,N \tag{8.2}$$

式中：混沌域为 $[0,1]$，分歧参数 $\mu \in [0,4]$，$x_n \in (0,1)$。当 μ 取值为 4 时，则被称为 Logistic-map 映射，该映射产生的序列概率密度函数 PDF 为：

$$p(x) = \begin{cases} \dfrac{1}{\pi\sqrt{x(1-x)}}, & 0 < x < 1 \\ 0, & \text{else} \end{cases} \tag{8.3}$$

说明这个映射所生成的混沌序列的 PDF 函数与其设定的初值无关，并且具有遍历性。

（3）混沌优化算法

混沌优化算法原理如下。

在算法进行每次迭代操作后，会生成一个寻找向量 d^k，通常这个寻找向量 d^k 也被称为是某个逼近问题的解向量，将该逼近问题记作一个子问题，其代表原来的问题在现今迭代点 X^k 附近区域的一种近似。搜寻一个大于 0 的步长 a^k，令该点进行以下运算：

$$X^{k+1} = X^k + a^k d^k \tag{8.4}$$

这样，在一定情况下产生的点要比现在的迭代点更优，也就是说此过程中又进行了一次迭代。该算法的本质便是寻找向量 d^k 和步长的选择，寻找向量 d^k 的生成主要依靠子问题，步长 a^k 的设计主要依靠一维搜寻技术和测试函数，并且通常选取值越小的测试函数其结果生成的点越优。测试函数在没有其他附加条件的优化问题中被认为是目标函数 $f(x)$，在有其他附加条件的优化问题中主要依靠目标函数和条件函数。

（4）混沌优化算法步骤

Step1：初始化混沌优化算法，令 $k = 1$，设置 i 个有极小偏差的初始数值，并将这些数值分配给 x_i，这样便可以了解到存在于 f 个不同轨迹的那些混沌因子 $x_{i,n+1}$。

Step2：利用载波公式：

$$x_{i,n+1} = c_i + d_i x_{i,n+1} \tag{8.5}$$

式中：c_i、d_i 都是常数，即为调大幅度的倍数，此公式用的是将代数求和的算法。

选择出 i 个混沌因子 $x_{i,n+1}$，将公式（8.5）中的 i 个优化因子转换为混沌因子 $x_{i,n+1}$，再把混沌因子的幅度调大至对应的优化因子的值域。

Step3：对混沌因子进行迭代。设 $x_i(k) = x_{i,n+1}$，据此求得其性能指标 $f_i(k)$。再设 $x^* = x_i(0)$，$f^* = f_i(0)$，若满足运行条件 $f_i(k) < f^*$，则 $x^* = x_i(k)$，$f^* = f_i(k)$；否则结束。

Step4：如果迭代多次最优解始终一致，则进行 Step5，否则返回 Step3。

Step5：运行第二次载波：

$$x'_{i,n+1} = x'_i + a_i x_{i,n+1} \qquad (8.6)$$

式中：混沌因子 $a_i x_{i,n+1}$ 遍历空间极小，调节函数 x'_i 可以小于1，目前的最优解是 x^*。

Step6：继续利用第二次载波得到的混沌因子进行迭代。

Step7：如果没有达到预设条件，则返回 Step6；若满足预设条件，则输出结果最优值。

（5）混沌优化算法流程（图 8.1）

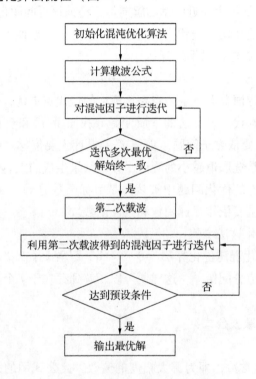

图 8.1　混沌优化算法流程

8.2　混沌万有引力搜索算法原理

由于在某种特定范围内的混沌运动会按照混沌本身的特点不重复地遍历所有状态，可通过添加混沌因子来运行局部搜索从而改进并优化算法的性能。改进算法时，需要先把要优化因子映射到混沌的状态，优化因子的搜索空间需要由混沌运动的遍历范围逆映射过去，再通过混沌因子进行改进搜索。运算内容主要包括：设定说明当前最优位置的 L_{best}，表示上限的 Up，表示下限的 Low，把 L_{best} 映射到 $[0,1]$，设 $t = \dfrac{(L_{best} - Low)}{(Up - Low)}$，通过 Logistic 映射 $t' = \mu t(1-t)$ 生成混沌因子 t'，然后利用公式 $L'_{best} = Low + t'(Up - Low)$ 将混沌因子逆映射回搜索空间。在以上公式中控制参数 $\mu = 4$ 时，系统会处于混沌状态，有助于避免局部最优。不断反复多次进行以上步骤，直至所求得的值不变。

8.2.1　混沌万有引力搜索算法步骤

Step1：初始化混沌万有引力搜索算法。在本算法中，最优解即为粒子在搜索空间中的位置，则设定物体 i 在搜索空间中的位置如下：

$$X_i = (x_i^1, x_i^2, \cdots, x_i^k, \cdots, x_i^d), i = 1,2,\cdots,N \tag{8.7}$$

Step2：计算物体的质量。在 t 时刻物体的质量如下：

$$\begin{cases} m_i(t) = \dfrac{fit_i(t) - worst(t)}{best(t) - worst(t)} \\ M_i(t) = m_i(t) / \displaystyle\sum_{j=1}^{n} m_j(t) \end{cases} \tag{8.8}$$

关于变量的具体介绍如公式（8.5）所示，当在处理最小化问题时，公式应为：

$$best(t) = \max_{i \in \{1,2,\cdots,N\}} fit(t) \tag{8.9}$$

$$worst(t) = \min_{i \in \{1,2,\cdots,N\}} fit(t) \tag{8.10}$$

Step3：计算万有引力。i 和 j 粒子之间相互产生的引力为：

$$F_{ij}^k(t) = G(t) \frac{M_{pi}(t) M_{aj}(t)}{R_{ij}(t) + \varepsilon} (x_j^k(t) - x_i^k(t)) \tag{8.11}$$

以上变量的详细介绍参见公式（8.1）至公式（8.5）。

Step4：计算合力。在整个搜索空间中，粒子 i 所受合力公式入如下：

$$F_i^k(t) = \sum_{j=1, j \neq i}^{N} rand_j F_{ij}^k(t) \tag{8.12}$$

Step5：更新粒子在搜索空间的加速度、速度和位置。具体的更新公式如下：

$$a_i^k(t) = F_i^k(t)/M_{ij}(t) \tag{8.13}$$

$$\begin{cases} v_i^k(t+1) = rand_i v_i^k(t) + a_i^k(t) \\ x_i^k(t+1) = x_i^k(t) + v_i^k(t+1) \end{cases} \tag{8.14}$$

Step6：对目前的最优位置 L_{best} 进行混沌优化搜索。

Step7：若没有满足预设条件（达到最大迭代次数且没有退化行为），也就是找到的解不变，则回到 Step2；否则，停止运行，输出目前的最优解。

混沌万有引力搜索算法流程如图 8.2 所示。

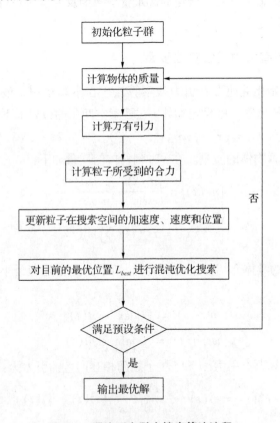

图8.2　混沌万有引力搜索算法流程

8.3　仿真实验与分析

8.3.1　测试函数介绍

测试函数见表 8.1。

表 8.1　测试函数介绍

函数指数	函数名称	函数范围
F1	Schaffer Function N. 2.	$[-50, 50]$
F2	Bukin Function N. 6.	$[-10, 10]$
F3	Rosenbrock Function	$[-30, 30]$
F4	Step Function	$[-100, 100]$
F5	Quartic Function	$[-1.28, 1.28]$
F6	Generalized Schwefel's Function	$[-500, 500]$
F7	Rastrigin Function	$[-5.12, 5.12]$
F8	Ackley Function	$[-32, 32]$
F9	Griewank Function	$[-600, 600]$
F10	Generalized Penalized's Function	$[-50, 50]$

8.3.2　测试函数的参数及空间模型

（1）Schaffer Function N. 2.

在该测试函数中有且仅有一个全局极小值点，该点周围环绕着无数极小值点，并且这些局部极小值点与该全局极小值点之间存在着一个极大值点。此测试函数主要用于测试算法的收敛效率和搜索能力。函数公式：

$$f(x) = 0.5 + \frac{\sin^2(x_1^2 - x_2^2) - 0.5}{[1 + 0.001(x_1^2 + x_2^2)]^2}, \; x_i = [-50, 50] \qquad (8.15)$$

函数最小值为 0。函数对应的空间模型见图 8.3。

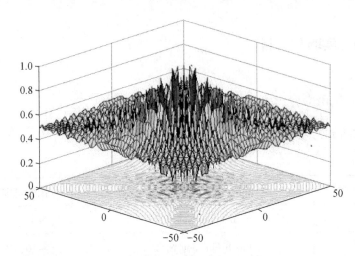

图 8.3 Schaffer Function N. 2. 模型

（2）Bukin Function N. 6.

该测试函数存在很多的局部极小值，这些极小值都存在于搜索空间的波峰中。函数公式：

$$f(x,y) = 100 \sqrt{|y - 0.01x^2|} + 0.01|x + 10|, x = [-10,10], y = [-10,10]$$

$$(8.16)$$

函数最小值为 0。函数对应的空间模型见图 8.4。

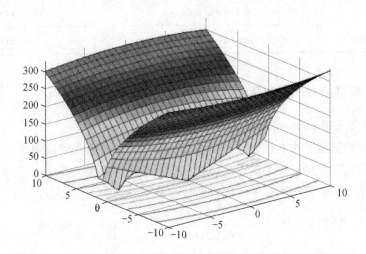

图 8.4 Bukin Function N. 6. 模型

（3）Rosenbrock Function

该测试函数通常用于处理经典的复杂优化问题，其全局最优解存在于一个平滑又狭长的抛物线形山谷中。但该函数在优化算法问题上容易造成算法辨别方向困难及寻找全局最优解概率低的问题，该函数主要用于评价算法的运行效率。函数公式：

$$f(x) = \sum_{i=1}^{n-1} \left[100(x_{i+1} - x_i^2) + (x_i - 1)^2 \right], x_i = \left[-30, 30 \right] \quad (8.17)$$

函数最小值为 0。函数对应的空间模型见图 8.5。

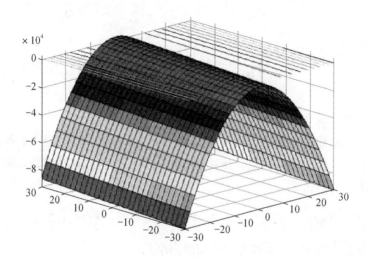

图 8.5 Rosenbrock Function 模型

（4）Step Function

该测试函数又名阶梯函数，也可以称为不连续函数，即该函数是不连续的函数。该函数也被称为有限的间隔指标函数的线性组合，是一个分段常值函数，有很多的阶段，但是有限。函数公式：

$$f(x) = \sum_{i=1}^{n} (x_i + 0.5)^2, x_i = \left[-100, 100 \right] \quad (8.18)$$

函数最小值为 0。函数对应的空间模型见图 8.6。

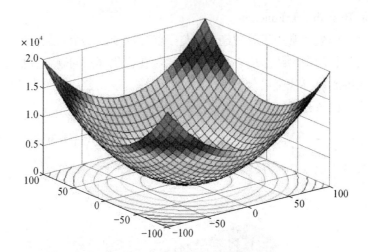

图 8. 6　**Step Function** 模型

（5）Quartic Function

该测试函数为一个简单的单峰函数，填充了噪声。高斯噪声确保算法在同一点上从未获得相同的值。该测试函数主要用于测试算法在处理噪声数据上的效果。函数公式：

$$f(x) = \sum_{i=1}^{n} ix_i^4 + random[0,1), x_i = [-1.28, 1.28] \quad (8.19)$$

函数最小值为 0。函数对应的空间模型见图 8. 7。

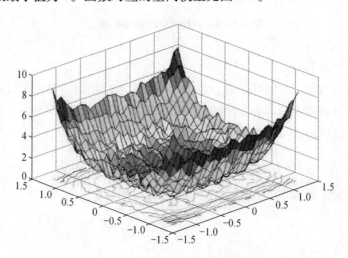

图 8. 7　**Quartic Function** 模型

（6）Generalized Schwefel's Function

该测试函数类似一个欺骗问题，由于全局最优解的周围存在着很多的局部极值点，对最优解的搜索比较容易陷入局部最优，所以该函数主要用于测试算法中种群的多样性。函数公式：

$$f(x) = \sum_{i=1}^{n} (-x_i \sin(\sqrt{|x_i|})), x_i = [-500, 500] \tag{8.20}$$

函数最小值为 0。函数对应的空间模型见图 8.8。

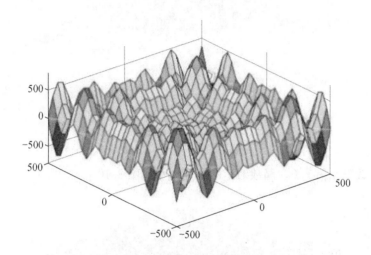

图 8.8 **Generalized Schwefel's Function** 模型

（7）Rastrigin Function

该测试函数是一个多峰值的测试函数，也是一种非线性多模态函数，由于其峰值的起伏不定且具有跳跃性，因此很难找到全局最优解。函数公式：

$$f(x) = \sum_{i=1}^{n} (x_i^2 - 10\cos(2\pi x_i) + 10), x_i = [-5.12, 5.12] \tag{8.21}$$

函数最小值为 0。函数对应的空间模型见图 8.9。

（8）Ackley Function

该测试函数在全局极值点周围存在着很多的局部极值点，由于该测试函数比较容易计算出最优解，主要用于测试算法的收敛率。函数公式：

$$f(x) = -20\exp\left(-0.2\sqrt{\frac{1}{n}\sum_{t=1}^{n} x_t^2}\right) - \exp\left(\frac{1}{n}\sum_{t=1}^{n} \cos 2\pi x_i\right) + 20 + e, x_i = [-32, 32]$$

$$\tag{8.22}$$

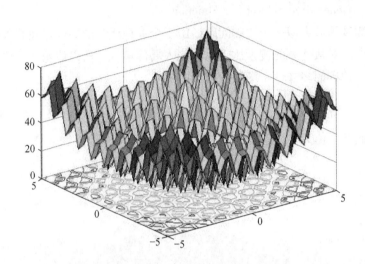

图 8.9   Rastrigin Function 模型

函数最小值为 0。函数对应的空间模型见图 8.10。

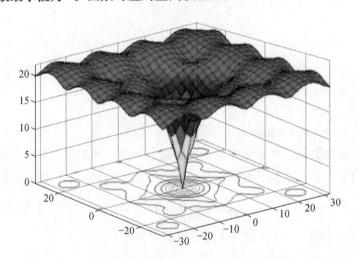

图 8.10   Ackley Function 模型

（9）Griewank Function

该测试函数在各个维度上的变量都存在着密切的关系，并且相互作用、关联性较强，所以该函数很难找到最优解。函数公式：

$$f(x) = \frac{1}{4000}\sum_{i=1}^{n} x_i^2 - \prod_{i=1}^{n} \cos\left(\frac{x_i}{\sqrt{i}}\right) + 1, x_i = [-600,600] \qquad (8.23)$$

函数最小值为 0。函数对应的空间模型见图 8.11。

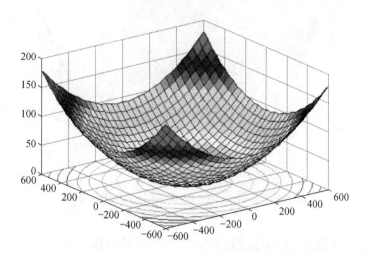

图 8.11　Griewank Function 模型

（10）Generalized Penalized's Function

该测试函数又名广义惩罚函数，主要用于处理约束条件下的最优化问题。通过惩罚函数可以把有约束的目标函数转化成无约束的目标函数。函数公式：

$$f(x) = \frac{\pi}{n}\left\{ 10\sin^2(\pi y_i) + \sum_{i=1}^{n-1}(y_i - 1)^2[1 + \sin^2(\pi y_{i+1}) + (y_n - 1)^2] \right\}$$

$$+ \sum_{i=1}^{n} u(x_i,10,100,4) \qquad (8.24)$$

$$y_i = 1 + \frac{1}{4}(x_i + 1) \qquad (8.25)$$

$$u(x_i,a,k,m) = \begin{cases} k(x_i - a)^m, & x_i > a \\ 0, & -a \leqslant x_i \leqslant a \\ k(-x_i - a)^m, & x_i < -a \end{cases} \qquad (8.26)$$

自变量取值范围 $x_i = [-50,50]$。函数最小值为 0。函数对应的空间模型见图 8.12。

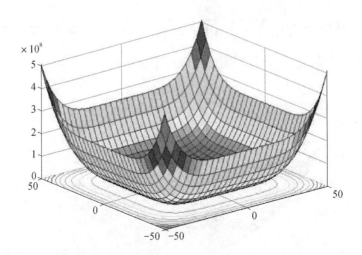

图 8.12　**Generalized Penalized's Function** 模型

8.4　混沌万有引力搜索算法的验证与结果分析

使用上文介绍的测试函数，分别对万有引力搜索算法（GSA）、混沌万有引力搜索算法（CGSA）、粒子群优化算法（PSO）及混沌算法（CA）进行测试，其最优解应接近或等于函数的最小值。

本次对比测试是在不同的维度使用不同的测试函数，具体的参数设置如下。

（1）GSA 与 CGSA

设定种群大小 $N = 50$，最大迭代次数为 $Max\_it = 1000$ 代，搜索空间的维度分别为 $Dim = 2$、$Dim = 10$。

（2）PSO

设定种群大小 $N = 50$，学习因子 $c_1 = c_2 = 0.5$，质量权值 $w_{max} = w_{min} = 1$（标准 PSO，不考虑质量权重影响），迭代次数 $n = 1000$ 代，维度分别为 $D = 2$、$D = 10$。

（3）混沌算法

设定种群大小 $N = 50$，最大迭代次数为 $Max\_it = 1000$ 代，搜索空间的维度分别为 $D = 2$、$D = 10$。

具体图像对比情况如下。

（1）当 $D = 2$ 时

测试函数 Schaffer Function N. 2. 的对比图像见图 8. 13。

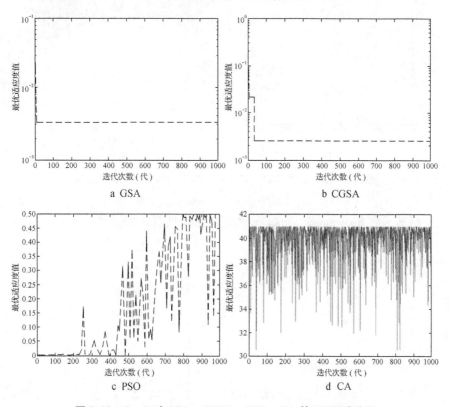

图 8. 13　$D = 2$ 时 GSA、CGSA、PSO、CA 的 F1 测试结果

测试函数 Bukin Function N. 6. 的对比图像见图 8. 14。

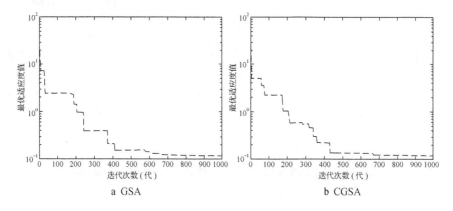

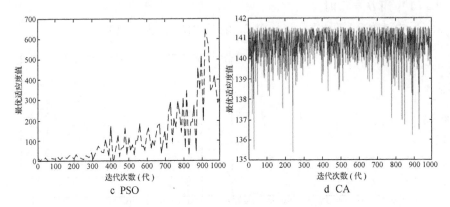

c PSO   d CA

图 8.14 $D=2$ 时 GSA、CGSA、PSO、CA 的 F2 测试结果

测试函数 Rosenbrock Function 的对比图像见图 8.15。

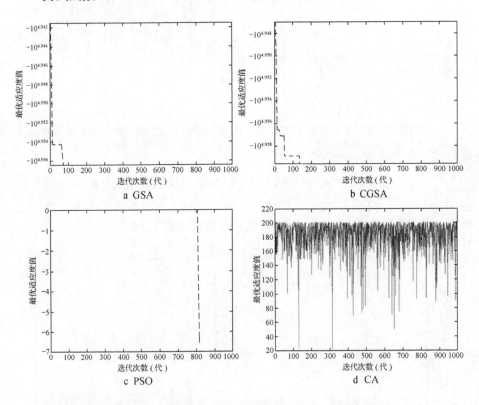

a GSA   b CGSA

c PSO   d CA

图 8.15 $D=2$ 时 GSA、CGSA、PSO、CA 的 F3 测试结果

测试函数 Step Function 的对比图像见图 8.16。

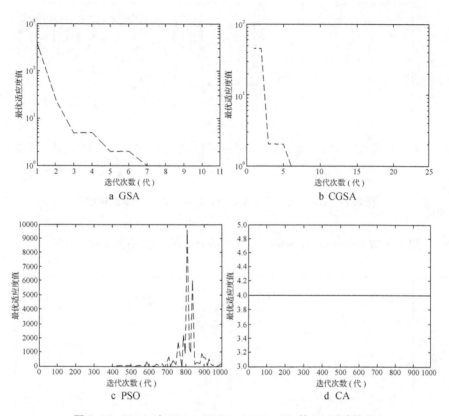

图 8.16　$D=2$ 时 GSA、CGSA、PSO、CA 的 F4 测试结果

测试函数 Quartic Function 的对比图像见图 8.17。

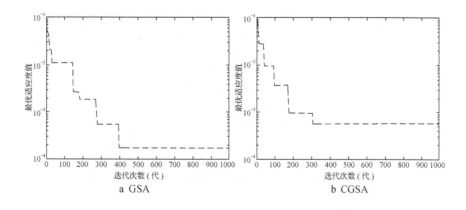

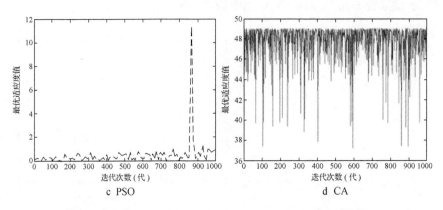

c PSO

d CA

图8.17 $D=2$ 时 GSA、CGSA、PSO、CA 的 F5 测试结果

测试函数 Generalized Schwefel's Function 的对比图像见图 8.18。

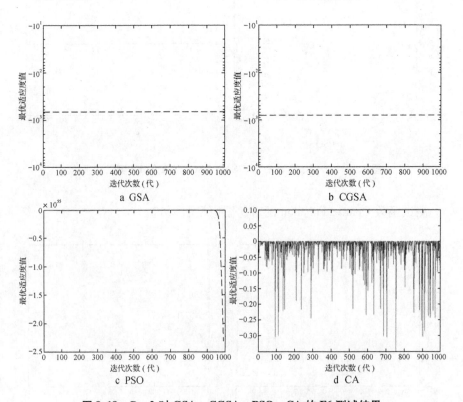

a GSA

b CGSA

c PSO

d CA

图8.18 $D=2$ 时 GSA、CGSA、PSO、CA 的 F6 测试结果

测试函数 Rastrigin Function 的对比图像见图 8.19。

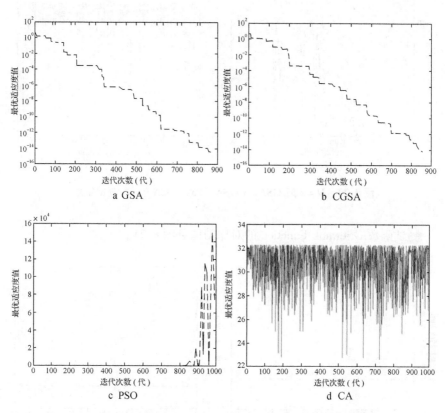

图 8.19　*D* = 2 时 GSA、CGSA、PSO、CA 的 F7 测试结果

测试函数 Ackley Function 的对比图像见图 8.20。

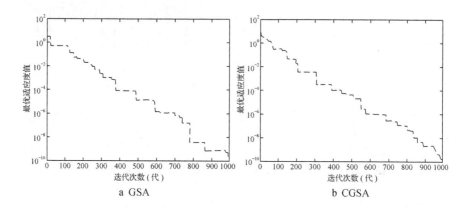

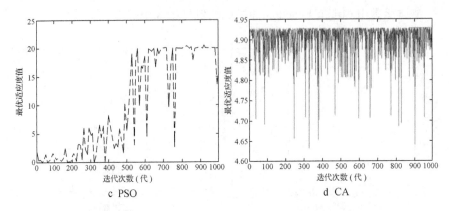

c PSO

图 8.20 $D=2$ 时 GSA、CGSA、PSO、CA 的 F8 测试结果

测试函数 Griewank Function 的对比图像见图 8.21。

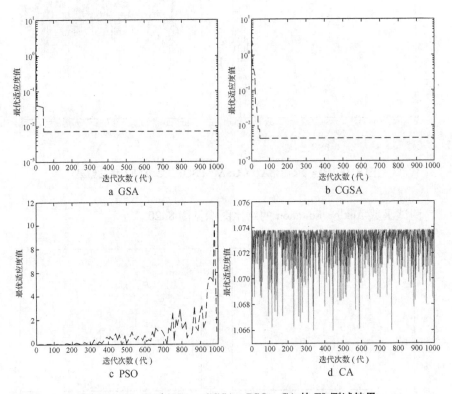

图 8.21 $D=2$ 时 GSA、CGSA、PSO、CA 的 F9 测试结果

测试函数 Generalized Penalized's Function 的对比图像见图 8.22。

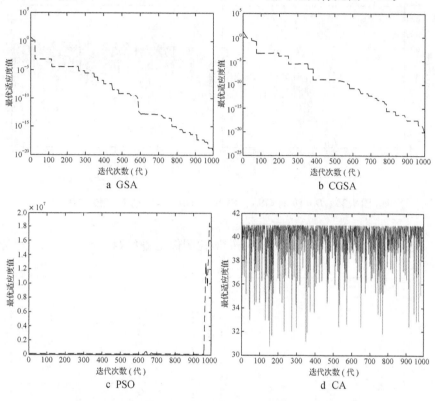

图 8.22　*D* = 2 时 GSA、CGSA、PSO、CA 的 F10 测试结果

（2）当 D = 10 时

测试函数 Schaffer Function N. 2. 的对比图像见图 8.23。

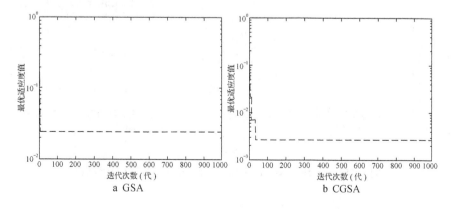

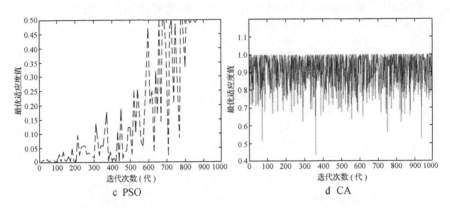

图 8.23 $D = 10$ 时 GSA、CGSA、PSO、CA 的 F1 测试结果

测试函数 Bukin Function N. 6. 的对比图像见图 8.24。

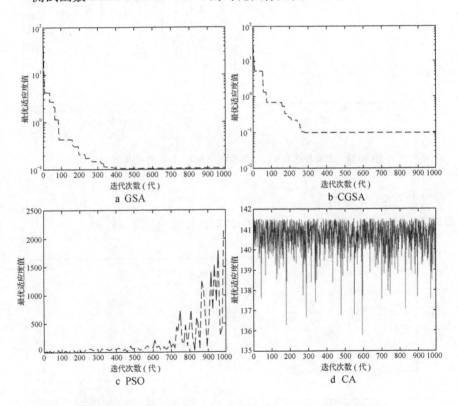

图 8.24 $D = 10$ 时 GSA、CGSA、PSO、CA 的 F2 测试结果

测试函数 Rosenbrock Function 的对比图像见图 8.25。

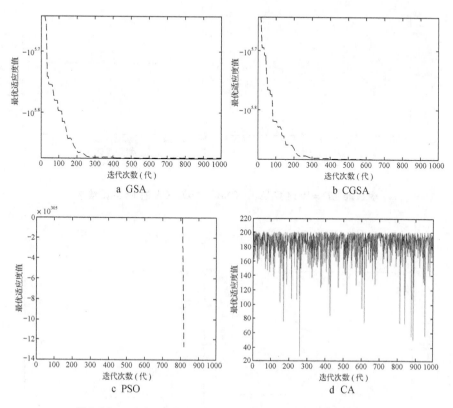

图 8.25　*D* = 10 时 GSA、CGSA、PSO、CA 的 F3 测试结果

测试函数 Step Function 的对比图像见图 8.26。

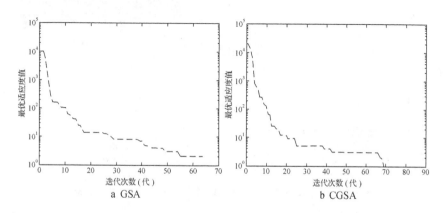

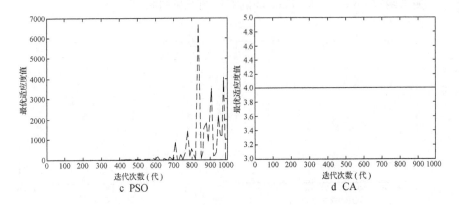

图 8.26 $D = 10$ 时 GSA、CGSA、PSO、CA 的 F4 测试结果

测试函数 Quartic Function 的对比图像见图 8.27。

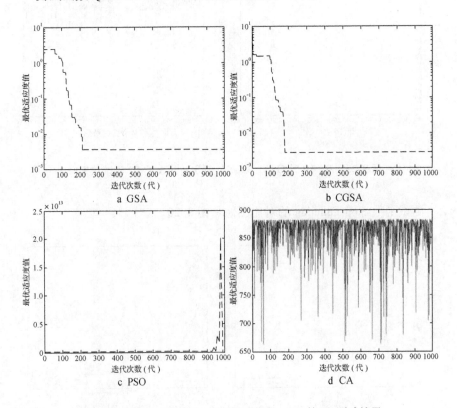

图 8.27 $D = 10$ 时 GSA、CGSA、PSO、CA 的 F5 测试结果

测试函数 Generalized Schwefel's Function 的对比图像见图 8.28。

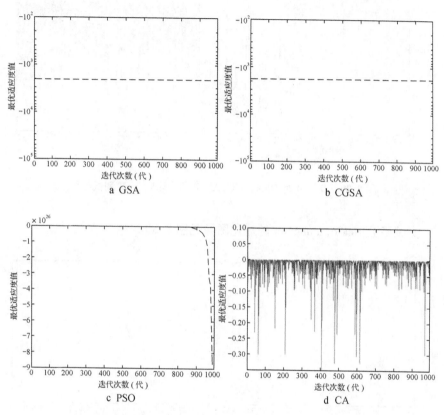

图 8.28　*D* = 10 时 GSA、CGSA、PSO、CA 的 F6 测试结果

测试函数 Rastrigin Function 的对比图像见图 8.29。

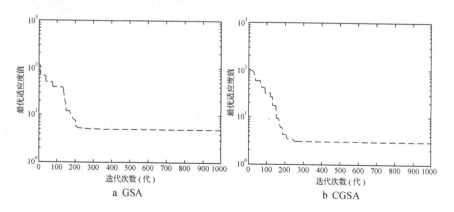

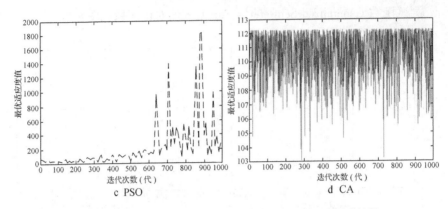

c PSO

d CA

图 8.29　*D* =10 时 GSA、CGSA、PSO、CA 的 F7 测试结果

测试函数 Ackley Function 的对比图像见图 8.30。

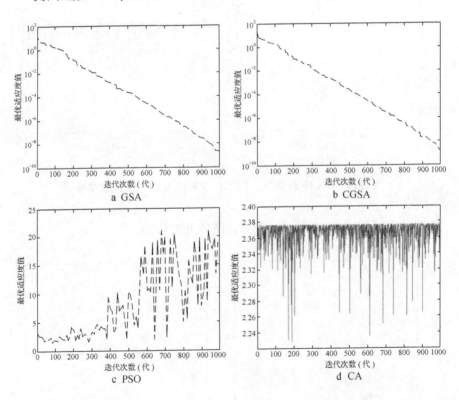

a GSA

b CGSA

c PSO

d CA

图 8.30　*D* =10 时 GSA、CGSA、PSO、CA 的 F8 测试结果

测试函数 Griewank Function 的对比图像见图 8.31。

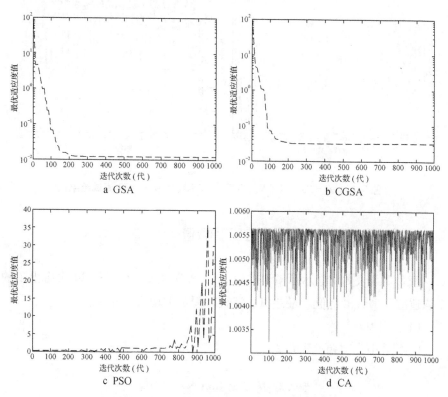

图 8.31 *D* = 10 时 GSA、CGSA、PSO、CA 的 F9 测试结果

测试函数 Generalized Penalized's Function 的对比图像见图 8.32。

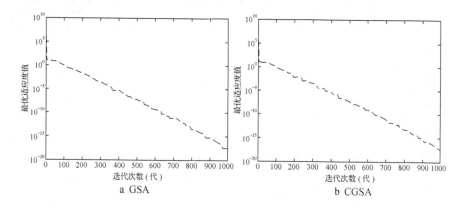

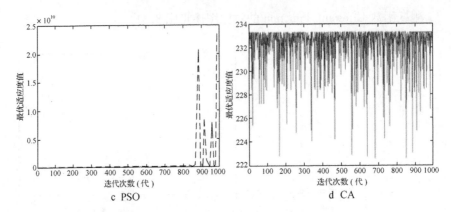

c PSO d CA

图 8.32 $D=10$ 时 GSA、CGSA、PSO、CA 的 F10 测试结果

8.5 4 种算法在测试函数中的实验数值

表 8.2 至表 8.9 显示了 GSA、CGSA、PSO 及 CA 在运行 20 次后得到的平均适应度值、最优值、最差值、运行时间及平均值的方差。

（1）当 $D=2$ 时

GSA 最小化问题见表 8.2。

表 8.2 $D=2$ 时 GSA 最小化问题

函数指数	平均适应度值	最优值	最差值	运行时间（s）	平均值的方差
F1	0.0052	0.0025	0.0219	7.340	0.000 033
F2	0.1016	0.0731	0.1210	7.305	0.000 301
F3	$-9.0703e+04$	$-8.9633e+04$	$-9.1547e+04$	7.429	$3.1522e+09$
F4	0	0	0	7.718	0
F5	$7.2767e-04$	$2.5735e-05$	0.0025	7.791	$5.1502e-07$
F6	$-7.4188e+02$	$-5.9577e+02$	$-8.1673e+02$	7.865	$4.2163e+03$
F7	0.0477	0	0.3011	7.742	0.007 642
F8	$2.2104e-10$	$1.6176e-10$	$4.2557e-10$	7.802	$5.0112e-19$
F9	0.0079	0	0.0124	8.011	$9.4530e-06$
F10	$4.2912e-20$	$5.8315e-22$	$1.1274e-19$	8.235	$1.6010e-39$

CGSA 最小化问题见表 8.3。

表 8.3　*D* = 2 时 CGSA 最小化问题

函数指数	平均适应度值	最优值	最差值	运行时间（s）	平均值的方差
F1	0.0070	0.0025	0.0232	7.468	0.000 060
F2	0.0968	0.0599	0.1366	7.451	0.000 686
F3	− 9.0845e + 04	− 8.9821e + 04	− 9.1352e + 04	7.572	2.9202e + 05
F4	0	0	0	7.699	0
F5	5.0250e − 04	1.8179e − 05	0.0018	7.775	3.0019e − 07
F6	− 7.0445e + 02	− 5.3923e + 02	− 8.3241e + 02	7.844	7.0575e + 03
F7	0.0493	0	0.2199	7.685	0.005 937
F8	2.1279e − 10	5.4734e − 11	3.4199e − 10	7.702	1.0150e − 20
F9	0.0067	0	0.0222	7.985	4.1699e − 04
F10	2.2361e − 20	1.1199e − 22	6.0894e − 20	8.152	3.4945e − 40

PSO 最小化问题见表 8.4。

表 8.4　*D* = 2 时 PSO 最小化问题

函数指数	平均适应度值	最优值	最差值	运行时间（s）	平均值的方差
F1	2.8088e − 03	2.4570e − 03	3.9500e − 03	19.820	2.4409e − 07
F2	0.2896	0.1286	0.4290	19.531	0.010 472
F3	NaN	NaN	NaN	19.813	NaN
F4	0	0	0	8.749	0
F5	0.1893	0.0140	0.4017	19.779	0.014 940
F6	− 7.2603	− 3.6924	− 7.8824	22.079	1.671 159
F7	1.8847	0.1678	6.0637	22.956	3.826 241
F8	0.8591	0.0853	1.9311	19.407	0.463 024
F9	0.5637	0.0209	1.0046	20.769	0.090 845
F10	0.9880	3.2293e − 10	4.1359	21.402	2.097 232

CA 最小化问题见表 8.5。

表 8.5 $D=2$ 时 CA 最小化问题

函数指数	平均适应度值	最优值	最差值	运行时间（s）	平均值的方差
F1	0.5142	0.0175	0.9280	75.599	0.090 069
F2	89.3328	11.0768	132.0647	75.786	1803.815 200
F3	65.2016	15.9070	189.7814	76.009	7366.619 303
F4	1.6000	0	4.0000	75.498	2.640 000
F5	47.8912	46.0404	48.9005	76.143	0.617 984
F6	−0.9738	−0.0371	−1.5660	75.829	0.272 019
F7	16.5091	11.8312	32.0625	75.914	43.994 549
F8	2.6385	1.2706	3.9008	76.093	0.688 459
F9	0.6624	0.1646	1.0730	76.375	0.095 581
F10	33.1764	8.0979	40.9203	76.316	89.567 020

（2）当 $D=10$ 时

GSA 最小化问题见表 8.6。

表 8.6 $D=10$ 时 GSA 最小化问题

函数指数	平均适应度值	最优值	最差值	运行时间（s）	平均值的方差
F1	0.0107	0.0025	0.0248	9.721	1.0033e−04
F2	0.1017	0.0897	0.1295	9.736	1.0584e−04
F3	−7.4812e+05	−6.9724e+05	−7.9130e+05	10.228	1.1523e+09
F4	0	0	0	10.030	0
F5	0.0063	0.0030	0.0111	10.225	6.5768e−04
F6	−1.5577e+03	−1.2234e+03	−2.0340e+03	10.153	6.3085e+04
F7	3.6814	0.9950	5.9698	9.963	2.187 772
F8	1.7452e−09	1.3843e−09	2.2855e−09	10.070	7.5602e−20
F9	0.0232	0	0.0591	10.314	4.6446e−04
F10	0.2799	2.1661e−18	0.6223	12.060	0.474 138

CGSA 最小化问题见表 8.7。

表 8.7 *D* = 10 时 CGSA 最小化问题

函数指数	平均适应度值	最优值	最差值	运行时间（s）	平均值的方差
F1	0.0053	0.0025	0.0287	9.667	6.1179e − 05
F2	0.1031	0.0860	0.1305	9.725	1.2324e − 04
F3	− 7.5557e + 05	− 6.9720e + 05	− 7.9042e + 05	10.183	7.4842e + 08
F4	0	0	0	10.037	0
F5	0.0042	0.0016	0.0073	9.618	3.3640e − 06
F6	− 1.5955e + 03	− 1.3667e + 03	− 2.0475e + 03	9.592	5.1541e + 01
F7	3.9798	1.9899	5.9698	9.412	1.781 906
F8	1.8001e − 09	1.4404e − 09	2.4456e − 09	9.474	9.4947e − 20
F9	0.0118	0	0.0369	9.766	1.6920e − 04
F10	0.2488	2.0273e − 18	0.6220	11.381	0.034 820

PSO 最小化问题见表 8.8。

表 8.8 *D* = 10 时 PSO 最小化问题

函数指数	平均适应度值	最优值	最差值	运行时间（s）	平均值的方差
F1	3.2710e − 03	2.4920e − 03	5.6800e − 03	19.749	8.6698e − 07
F2	0.8989	0.0162	1.6182	21.253	0.246 018
F3	NaN	NaN	NaN	21.269	NaN
F4	3.0000	1.0000	7.0000	10.834	3.200 000
F5	0.5277	5.9700e − 12	1.9416	22.008	0.398 076
F6	− 2.7324	− 2.0050	− 3.4335	23.031	0.200 486
F7	0.3900	0.01440	1.1783	19.829	0.195 877
F8	3.1035	2.1648	4.6426	20.430	0.726 018
F9	0.2681	0.0653	0.5984	22.976	0.037 578
F10	0.3423	6.9027e − 08	1.6514	20.041	0.240 334

CA 最小化问题见表 8.9。

表 8.9 *D* = 10 时 CA 最小化问题

函数指数	平均适应度值	最优值	最差值	运行时间（s）	平均值的方差
F1	0.4936	0.0175	0.9280	75.604	0.090 069
F2	92.6495	11.0768	132.5813	76.327	1960.590 710
F3	28.8250	15.9070	− 191.8415	76.042	11456.912 117

函数指数	平均适应度值	最优值	最差值	运行时间（s）	平均值的方差
F4	1.8000	0	4.0000	76.242	3.399 309
F5	47.8591	46.1226	48.9505	76.303	1.043 803
F6	1.0218	−0.0371	−1.6071	77.196	0.308 194
F7	18.1945	10.6457	31.5996	76.247	67.428 848
F8	1.9137	0.3370	3.8220	76.305	1.517 089
F9	0.4079	0.0081	1.0731	76.508	0.137 843
F10	27.1345	14.0190	40.8008	80.229	166.053 339

以上表格主要给出了不同算法在不同维度下的平均适应度值、最优值、最差值、运行时间、平均值的方差。由于选择的测试函数不同，可能因此会产生特例，经过多次实验发现，并不影响最终的结果。通过对该数据的观察，我们可以发现以下结论：

①在相同的维度下，GSA及CGSA比PSO和CA找到最优解的速度更快，即算法运行时间更短，代表其寻找最优解的能力更强。

②在相同的维度下，整体上CGSA比GSA运行效率更高，稳定性也更好，其次为PSO，最后是CA。

③在相同的维度下，通过观察以上图像的变化，可以发现CGSA比GSA收敛速度更快，由于加入了混沌因子，因此CGSA基本上避免了产生局部最优解的情况。

④在不同的维度下，随着维度的增加，各个算法的运行时间均有所增加。在运行相同的测试函数时，CGSA的运行时间明显比GSA的运行时间更短，运行的效率更高。

⑤在不同的维度下，通过上文表格中的数据可以观察到，当维度增加时，GSA、CGSA及PSO仍具有较好的稳定性，而混沌算法的稳定性变差。

⑥在不同的维度下，随着维度的增加，CGSA与GSA的收敛速度均变快，其中CGSA求解的精度与收敛速度更优。

针对选择不同的维度和不同的测试函数等条件，改进方式的不同会产生不一样的结果。就像CGSA那样，加入混沌因子后，解决了GSA容易产生局部最优解的问题。而不同的参数选择也会影响最终的结果，至于如何搭配参数才能更好地发挥算法的功能，也是未来学习中可以继续探索和研究的问题。

第三部分　蚁群算法

第九章　蚁群算法

9.1　研究背景与国内外现状

如今，群体智能优化算法已经引发更多学者的关注。社会动物群体特征表明，单独一只蚁蚁的智能极低，况且也没有一定的指导，但它们却能共同辛劳合作，完成寻觅食物、筑建蚁穴、迁移、打扫蚁穴等繁杂的生物活动。一群行动"愚蠢"的蜜蜂，可以建出精致的蜂巢。鸟群在缺乏集中管制下，可以齐步翱翔。群体智能优化算法是一种模仿生物群体的智能搜索算法，提高了智能优化技能，为往后的复杂优化问题提供了较好的解决方案。

蚁群算法是一种智能搜寻最短路径的概率型算法，运用信息激素当作蚁蚁选取往后行为的依据。每一只蚁蚁对在一定规模内其他蚁蚁流传的信息激素做出反应，根据信息激素的浓度高低对每一个路口的多条路径进行判断并选择，由此观察并影响它们以后的行为。蚁群算法是由意大利学者 M. Dorigo 等人提出来的，他们是受到了蚁蚁在寻觅食物过程中发现最短路径行为的启发。蚁群算法在本质上是一个智能搜索体系，蚁群算法具有极强的鲁棒性（即体系的健壮性）和易与其他算法相互结合等优点。虽然蚁群算法提出时间不长，但应用面很广，现已应用到良多范畴。蚁群算法已经成为智能优化学科中十分活跃的研究课题。

由于蚁群算法不存在坚实的理论基础，国内外对蚁群算法的研究还处于初始应用实验阶级。当前蚁群算法的研究范畴已由简单的 TSP（旅行商）问题扩展到多层面运用范畴，并且蚁群算法在硬件方面获得了关键的钻研成就，进而使仿生类优化算法显现出宏大的成长和进步的前景。

蚁群算法是一种具备超强的鲁棒性和通用性的新型算法。在 10 多年的时间内，蚁群算法在离散型组合优化问题中取得成就，并成功引起了学者们的关注。当前钻研蚁群算法的学者一般分布在德国、意大利、比利时等国家，近年来美国与日本学者也逐渐开始研究蚁群算法。国内的研究始于

1998 年年底，主要的研究机构和学校在北京、上海和东北地区，重点研究 TSP 问题的仿真实验及相干问题。在国外，已将蚁群算法应用于机器人线路规划、网络路由选择等方面。虽然蚁群算法已引发了关注，但还缺少全面的理论剖析，不能给蚁群算法的有效性做出严谨的数学诠释。回顾发展历史，不完善的理论没有阻碍运用，有时运用超前于理论，并且推进理论的发展研究。根据蚂蚁算法的发展趋势，未来一定会得到广泛的运用。

9.2　蚁群算法基本原理及分析

在觅食过程中，蚂蚁在爬行过的路径上会存留生物信息素，蚁群内的蚂蚁对信息素的浓度高低具有感知能力，依此指引蚂蚁前进的方位。蚂蚁总能向着信息素浓度高的方位转移，蚁群的寻觅食物行为就表现为信息的正反馈机制。在众多条路径中，某一条道路越短，经过该条道路的蚂蚁数目就越多，信息素包含的浓度就会变高，蚂蚁选取这一条路径的概率就会大大提高，从而逐步迫近最短的最优路径，并找到最优路径。

蚁群算法的逻辑结构见图 9.1。

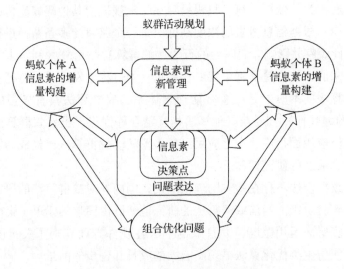

图 9.1　蚁群算法的逻辑结构

除了能寻觅到含有食物的源点与蚁巢间的最优路径外，蚁群还有超强的适应能力。如图 9.2 所示，当蚁群爬行的道路上忽然冒出阻滞物时，蚁群可以极快的速度重新寻觅到新的最短路径。

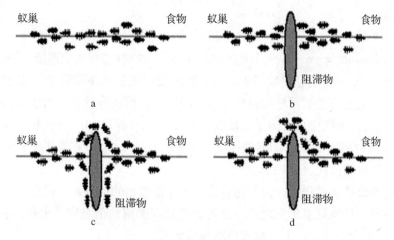

图 9.2　蚁群的自适应行为

a：蚁群在含有食物的源点与蚁巢间的道路上移动；b：道路上出现阻滞物，蚁群以相同的概率向左、右方位爬行；c：较短道路上的信息素以更大的速率增长；d：全部蚂蚁都会选择较短的道路

9.3　蚁群算法的数学模型及实现

9.3.1　蚁群算法的数学模型

蚂蚁 $k(k = 1,2,\cdots,m)$ 在爬行当中，每一条道路上信息素的强度决定了其移步的方位；为了方便研究，用 $tabu_k(k = 1,2,\cdots,m)$ 来表示第 k 只蚂蚁目前已爬行过的全部节点，然后称存储结点的表为禁忌表。存储结点的集合体随着蚂蚁的转移状态进行调整。在蚁群算法中，蚂蚁非常智能地选取下一步要爬行的一条道路。

设蚂蚁数目为 m ，结点 i 和结点 j 间的间距为 $d_{ij}(i,j = 0,1,\cdots,n - 1)$ ，在 t 时刻 ij 连线上的生物信息素强度记为 $\tau_{ij}(t)$ 。在最开始的时候，m 只蚂蚁被随便地置放，每一条路径上的信息素的初始浓度是一样的。在 t 时刻，蚂蚁 k 从结点 i 移动到结点 j 的状态转移概率为：

$$p_{ij}^k = \begin{cases} \dfrac{\tau_{ij}^{\alpha}(t)\eta_{ij}^{\beta}(t)}{\sum\limits_{k \in allowed_k} \tau_{ij}^{\alpha}(t)\eta_{ij}^{\beta}(t)}, j \in allowed_k \\ \\ p_{ij}^k = 0, \text{其他} \end{cases} \tag{9.1}$$

式中：$allowed_k = \{c - tabu_k\}$ 代表蚂蚁 k 下一步能够选取的全部结点，c 为全部结点集合。α 为信息启发因子，反映蚂蚁爬行轨迹的重要程度，表示蚂蚁爬行道路上的信息素对选取路径的影响程度。该值变得越大，蚂蚁间的合作性就越强。β 为期望启发因子，反映能见度的重要程度。η_{ij} 是启发函数，代表由结点 i 移动到结点 j 的期望程度，一般取 $\eta_{ij} = 1/d_{ij}$。在算法搜索中每一只蚂蚁将按照公式（9.1）运行查找。

在蚂蚁移动过程中，为了防止路径上存留过量的信息素，把启发信息覆盖，在每一只蚂蚁遍历完之后，会更新并处理遗留的信息素。由此，在 $t + n$ 时刻，路径 (i,j) 上信息素强度调整如下：

$$\tau_{ij}(t+n) = (1-\rho)\tau_{ij}(t) + \Delta\tau_{ij}(t) \tag{9.2}$$

$$\Delta\tau_{ij}(t) = \sum_{k=1}^{m} \Delta\tau_{ij}^k(t) \tag{9.3}$$

式中：$\rho \in (0,1)$ 是信息素挥发因子，代表道路上的信息素总量的损耗水平，ρ 与算法的全局搜寻能力和收敛率有关，可以用 $1 - \rho$ 表示信息素残留因子，$\Delta\tau_{ij}^k(t)$ 代表一次寻觅完成之后路径 (i,j) 的信息素强度的增加。在初始时刻 $\Delta\tau_{ij}(0) = 0$，$\Delta\tau_{ij}^k(t)$ 代表遍历完成后第 k 只蚂蚁的路径 (i,j) 的信息素强度。

由于信息素的更新方式有差异，研究者 M. Dorigo 发掘了 3 种不同的蚁群算法模型，分别记为"蚁周系统"（Ant-Cycle）模型、"蚁量系统"（Ant-Quantity）模型和"蚁密系统"（Ant-Density）模型，3 种模型求解 $\Delta\tau_{ij}^k(t)$ 方式不同。

"蚁周系统"模型：

$$\Delta\tau_{ij}^k = \begin{cases} \dfrac{Q}{L_k}, \text{第 } k \text{ 只蚂蚁走过 } ij \\ \\ 0, \text{其他} \end{cases} \tag{9.4}$$

"蚁量系统"模型：

$$\Delta\tau_{ij}^k = \begin{cases} \dfrac{Q}{d_{ij}}, \text{第 } k \text{ 只蚂蚁在 } t \text{ 和 } t+1 \text{ 之间走过 } ij \\ \\ 0, \text{其他} \end{cases} \tag{9.5}$$

"蚁密系统"模型：

$$\Delta\tau_{ij}^{k} = \begin{cases} Q, \text{第 } k \text{ 只蚂蚁在 } t \text{ 和 } t+1 \text{ 之间走过 } ij \\ 0, \text{其他} \end{cases} \tag{9.6}$$

上面的公式表明，3 种模型的主要差异在于："蚁量系统"和"蚁密系统"采取局部信息，在蚂蚁爬行一步后对信息素进行更新；而"蚁周系统"采取整体信息，在蚂蚁进行一个轮回循环之后对路径上的信息素进行更新。许多实验说明，"蚁周系统"算法在性能上比其他两种算法更好。于是，蚁群算法研究就向着"蚁周系统"特点的方向成长和发展。

9.3.2　蚁群算法的实现步骤

求解 TSP 问题的蚁群算法基本流程表述如下。实验蚁群算法的参数选取都源于 M. Dorigo 等人的实践经验。

蚁群算法的实现步骤如下。

Step1：参数初始化。令时刻 $t = 0$，循环次数 $N_c = 0$，循环次数的最大值 N_{cmax}，把 m 蚂蚁置放于 n 个要素（城市）上，对有向图上每条边 (i, j) 的信息素强度 $\tau_{ij}(t) = const$ 赋初值，其中 $const$ 是常数，并且初始时刻 $\Delta\tau_{ij}(0) = 0$。

Step2：设置循环次数 $N_c \leftarrow N_c + 1$。

Step3：禁忌表的索引号 $k = 1$。

Step4：蚂蚁数量 $k \leftarrow k + 1$。

Step5：依据公式（9.1）即状态转移概率公式进行计算，并选取蚂蚁 j 继续爬行，$j \in \{c - tabu_k\}$。

Step6：改变禁忌表移动的指针，即选取好路径后把蚂蚁转移到新的要素，并将该要素（城市）转移到该蚂蚁的禁忌表中。

Step7：若集合体 c 的元素没有遍历完成，即 $k < m$，则跳到 Step4，否则运行 Step8。

Step8：根据公式（9.3）和公式（9.4）更新每一条路径上的信息素强度。

Step9：若符合循环停止前提，即如果循环次数 $N_c \geq N_{cmax}$，则循环完成，并输出实验结果，否则将禁忌表清空并跳到 Step2。

蚁群算法流程如图 9.3 所示。

当然，蚁群算法已有了许多的改进型算法，但利用蚁群算法处理 TSP 问题和函数优化问题的机制仍没有改变。由图 9.3 可见，蚁群算法与其他传

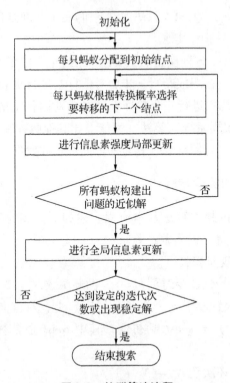

图 9.3 蚁群算法流程

统的优化算法有差异，因为它有如下 3 个特征：

①仿效了自然界中真实存在的现象，并设立模型；

②不可确定性；

③总表现出并行实现性，不是强行插入算法系统中，而是算法本身拥有的。

9.4 蚁群算法参数研究

本部分研究了蚁群算法的参数分析，进而讨论对算法产生的性能影响。蚁群算法的参数间具有耦合的现象，而蚁群算法参数的选取都是根据研究经验设置的。一直以来，在研究和应用间很难找到均衡点，这不仅仅是要蚁群算法的搜寻空间变得更大，使最优值的集合空间尽量更大，又要求较好地应用蚁群内部有效的信息，让蚁群算法尽量搜寻到全局最优解。M. Dorigo 等早期的学者深入地研究了算法参数的选取与优化，国内的专家以 TSP 问题为案例，对"蚁周系统"模型的每一个参数的设置进行了仿真实验和分析。在蚁群算法的运行过程中，信息素、启发函数和启发函数的乘积等势必会影响算法的性能、收敛率和处理效率；对蚁群算法的性能影响的关键参数有蚂蚁数目 m、信息启发因子 α、信息素挥发因子 ρ、期望启发因子 β 和信息素强度 Q 等。

本章选用中国 34 个省会城市问题作为实验对象，分析几个比较重要的参数。设置相关的仿真实验，研究和分析 m、α、ρ、β、Q 等参数，这里以"蚁周系统"模型为例，搜寻到这些参数的最优取值区间。

9.4.1　蚂蚁数目对算法性能的影响

蚁群算法的基本单元是蚂蚁，故实验要研究的第一个对象是蚂蚁数目。M. Dorigo 等人研究了蚂蚁初始位置的设置，分析结果表明蚂蚁分布在不同的城市结点，得到的实验结果要比把蚂蚁聚集在同一个结点更全面，因此，实验把城市设置成分散的点。在实验中，用 34 个中国省会城市算例进行实验，其余的参数分别设置为：$Q = 100$、$\rho = 0.5$、$\alpha = 1$、$\beta = 5$，终止前提为邻近两次循环中得到的最优值的差异不大于 0.001。实验所得蚂蚁数目 m 与最优路径距离 L 之间的关系如图 9.4 所示。

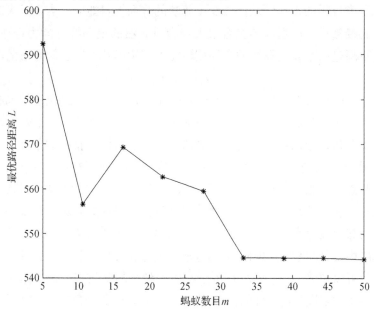

图 9.4　蚂蚁数目 m 与最优路径距离 L 的关系

从图9.4可以看到，蚂蚁数目 m 对利用蚁群算法求解最优路径的实验结果显示为有规则地变动。在 $m \approx 33$ 时，搜寻次数和最短路径产生了极大的变化，此时蚂蚁数目持续增加，搜寻稳定性与全局搜寻能力得到提升，但循环次数也会逐渐增加。当蚂蚁数目远远超过实验范围时，连续增大蚂蚁数目来提高算法性能的可能性是很小的。根据蚁群算法的原理，蚁群算法利用增加蚂蚁数目使算法的全局搜寻能力有所提高，但在一定程度上，信息的正面反馈效果不明显，收敛率比较小。数量较少的蚂蚁群体，随机搜寻能力强，收敛率较大，但全局收敛性会被减弱，将会较早地呈现阻滞局面。

由实验结果能够看出，当城市数量大概是蚂蚁数目的2.3倍时，蚁群算法的全局收敛性会增强，收敛率会增大。

9.4.2 信息素残留因子对算法性能的影响

蚁群算法中的蚂蚁有记忆技能，这些信息则会随着时间的荏苒而渐渐消失。在蚁群算法的模型中，参数 ρ 代表信息素挥发因子，那 $1-\rho$ 则代表信息素残留因子；信息素挥发因子 ρ 影响了蚁群算法的全局搜寻能力和收敛率，信息素残留因子 $1-\rho$ 反映了蚂蚁间互相影响的程度。当处理 TSP 问题的范畴较大时，信息素挥发因子 ρ 可以使之前没有被搜寻到的路径上的信息素降低至靠近零的水平，从而减弱了算法的全局搜寻能力。当 ρ 过大时，搜寻过的路径被再一次选取的机会很大，会对算法的全局搜寻能力产生影响；相反，可通过减小 ρ 使算法的全局搜寻能力有所提升，但也使算法的收敛率变小。

实验参数设置为：$m = 10$、$Q = 100$、$\alpha = 1$、$\beta = 5$，终止前提同样为邻近两次循环中得到的最优值的差异不大于 0.001。实验结果如图9.5所示。

从实验仿真结果可以知道，在算法的其他参数设置相同的条件下，信息素残留因子 $1-\rho$ 在一定程度上影响了蚁群算法的收敛性。$1-\rho$ 在 $0.1 \sim 0.99$，与迭代次数成正比关系，当 $1-\rho \approx 10.9$ 时，迭代次数会急剧变大。若 ρ 较小，会使信息素的累加程度减弱，就会增强算法的随机搜索性，但只能找到局部的最优值；若 ρ 较大，路径上遗留的信息素过量，减弱了正反馈的作用，减小搜寻的速度。因此，ρ 的选取值要综合考虑。从最短路径的选取和迭代次数可以知道，信息素残留因子在由大到小的变化中，最短路径的获取和收敛性相对来说是比较好的，而且 ρ 在 $0.5 \sim 0.8$ 时，算法的效果最好。

从实验结果可以得出结论：在 $1-\rho \approx 0.5$ 时，算法的全局收敛性和收

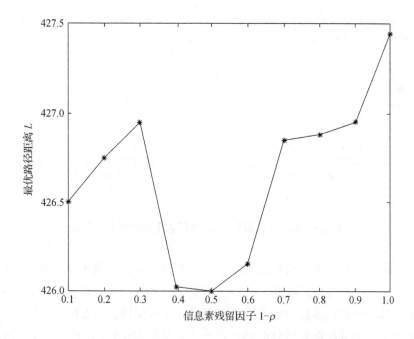

图 9.5 信息素残留因子 $1-\rho$ 与最优路径距离 L 的关系

敛率是比较好的，算法的性能最好。

9.4.3 启发因子对算法性能的影响

信息启发因子 α 表示蚂蚁在爬行过程中累积的信息素的重要程度。当 α 越大时，蚂蚁选取已经爬行过路径的概率越大，弱化了搜寻的随机性。当 α 过小时，会使蚂蚁过早搜寻，进而陷入局部最优。期望启发因子 β 表示启发信息引导的重要程度，它的值代表了蚁群优化进程当中的确定性要素的作用水平。若 β 越大，蚂蚁在某局部区域上挑选局部最优解的概率越大。

α 和 β 的耦合性超强，这两个参数比较复杂，为了讨论方便，这里设定讨论其中一个参数时，另一个参数不变。探讨 α 时，实验参数设置为：$m = 30$、$Q = 150$、$\rho = 0.5$、$\beta = 4$，终止前提同样为邻近两次循环中得到的最优值的差异不大于 0.001。实验结果如图 9.6a 所示。探讨 β 时，实验参数设置为：$m = 30$、$Q = 150$、$\rho = 0.5$、$\alpha = 1$，终止前提同样为邻近两次循环中得到的最优值的差异不大于 0.001。实验结果如图 9.6b 所示。

从实验结果能够得出，信息启发因子和期望启发因子对算法性能的影响

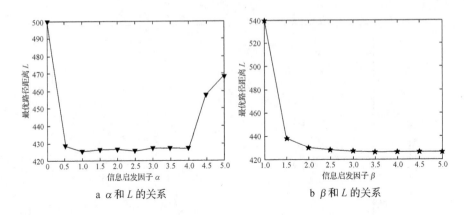

图 9.6 信息启发因子 α、β 与最优路径距离 L 的关系

较大。若 α 过小，不仅会使收敛率变小，而且会让算法陷入局部最优解；若 α 过大，会增强信息素浓度大的路径的正反馈效果，使算法过早收敛。若 β 越小，算法一直陷入随机搜寻，因此很难找到最优值；若 β 越大，算法的收敛率增大，但算法的收敛性降低。第一个实验得出 $\alpha \in [1.0, 4.0]$，算法的性能较好；第二个实验得出 $\beta \in [3.0, 4.5]$，算法性能较好。

9.4.4 信息素强度对算法性能的影响

本部分仿真实验探究信息素强度 Q 对算法性能的影响，Q 反映蚂蚁循环一次时存留在路径上的信息素数量。Q 的作用是充分应用全局信息的反馈量，使算法能以合理的进化速率搜寻到全局最优解。这里实验使用"蚁周系统"模型，以适当地应用蚁群的全部反馈信息。若 Q 越大，信息素的聚积能力越强，蚁群的搜寻正反馈能力越强，算法的收敛率越大。

实验参数设置为：$m = 30$、$\rho = 0.5$、$\alpha = 1$、$\beta = 5$，终止前提同样为邻近两次循环中得到的最优值的差异不大于 0.001。实验结果如图 9.7 所示。

从上面的实验结果可以知道，信息素强度 Q 对蚁群算法的性能影响较大。当 $Q < 1000$ 时，信息素强度 Q 越大，算法的收敛率越大，但对蚁群算法的整体处理效果有限；当 $Q > 7000$ 时，算法的收敛率明显增大，但算法的全局搜寻能力变差，易于陷入局部最优。

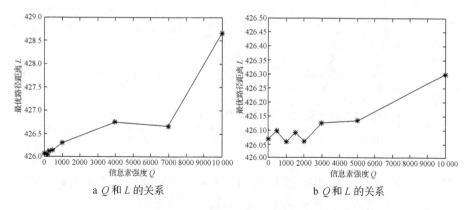

a Q 和 L 的关系　　　　　　　　b Q 和 L 的关系

图 9.7　信息素强度 Q 与最优路径距离 L 的全局图和局部图

9.5　蚁群聚类算法及其改进

蚁群算法是一种新型的仿生进化算法，将蚁群算法运用于聚类分析问题，逐渐引发了人们的关注。目前将人工蚁群算法应用于聚类模型和分类模型。

聚类分析是挖掘知识的重要手段，普遍应用于许多个领域。它可以为企业的客户管理提供必要的技术措施，从客户资源库中寻找兴趣不同的客户群，有助于市场分析师确定相应的市场战略和运营模式。它也可以运用于Web 数据分析，利用用户聚类的方法，Web 开发人员可以为用户提供有关他们兴趣的信息，并调整 Web 页面的内容和布局。随着蚁群算法的兴起，人们发觉在某些领域采取蚁群算法来解决聚类问题更实际。将蚁群算法运用于聚类分析，是受到蚁群聚类机制的启发。基于蚁群算法的聚类分析理论上可以分成两类：一类是依据蚁群算法原理进行数据挖掘聚类；另一类是利用蚂蚁寻觅食物的原理，运用信息素传递信息进行数据聚类。

9.5.1　蚁群聚类算法的数学模型及仿真实验

对于蚁群聚类算法的分析问题，属性有差别的蚂蚁被当成是数据，聚类中心是蚂蚁要搜寻的"食物源"，数据的聚类流程被视为蚂蚁搜寻食物源的流程。已知模型的样本集 $\{X\}$ 有 N 个样本和 K 个模式类 $\{S_j, j = 1, 2, \cdots, K\}$，每个样本有 n 个属性。目标函数是每一个样本到聚类中心距离之和的最小化，其公式为：

$$\min F(w,m) = \sum_{j=1}^{k} \sum_{i=1}^{N} \sum_{v=1}^{m} w_{ij} \| x_{iv} - m_{jv} \|^2 \tag{9.7}$$

$$m_{jv} = \frac{\sum_{i=1}^{N} W_{ij} X_{iv}}{\sum_{i=1}^{N} W_{ij}}, j = 1, 2, \cdots, k; v = 1, 2, \cdots, n \tag{9.8}$$

$$m_{ij} = \begin{cases} 1, \text{如果个体} i \text{包含于聚类} j \text{中} \\ 0, \text{否则} \end{cases}, i = 1, 2, \cdots, N; j = 1, 2, \cdots, K$$

$$\tag{9.9}$$

式中：x_{iv} 为第 i 个样本的第 v 个属性，m_{jv} 为第 j 个类的聚类中心的第 v 个属性。
基本蚁群聚类算法流程如图 9.8 所示。

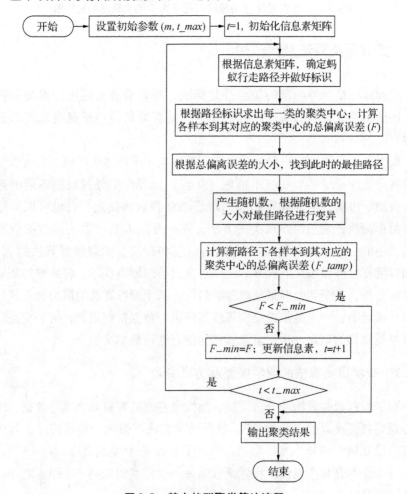

图 9.8　基本蚁群聚类算法流程

本次仿真实验通过 MATLAB 实现了基于蚁群算法的数据聚类分析平台，利用最小偏离误差 *MIN* 来判断聚类效果。*MIN* 表示每一个样本到其对应的聚类中心的欧式距离的总和；*MIN* 值越小，蚁群聚类算法的聚类实验效果越好。计算每一只蚂蚁的 *MIN* 值并搜索到最小的 *MIN* 值，与此值对应的路径便是此迭代的最佳路径。蚂蚁数目、最大迭代次数等相关参数调试结果如表9.1 所示。

表 9.1　蚁群聚类算法的相关参数调试

蚂蚁数目	最大迭代次数（代）	最小偏离误差	运行时间（s）
10	100	50 430	2.1237
10	1000	45 046	7.2428
10	10 000	32 805	68.5225
10	100 000	22 559	670.7556
100	100	52 112	11.6977
100	1000	40 036	47.2688
100	10 000	19 735	359.8767
100	100 000	28 958	3503.5800

为了研究基于蚁群算法的聚类分析模型的聚类实验效果，进行了仿真实验。参数设置如下：蚂蚁数目 $m = 100$，迭代次数 $n = 1000$ 代，信息素挥发因子 $\rho = 0.1$，信息启发因子 $\alpha = 1$，期望启发因子 $\beta = 1$，信息素强度 $Q = 100$。实验结果如图9.9 所示。最小偏离误差 $MIN = 30\ 690$，此时的聚类尚未最佳，应继续迭代。

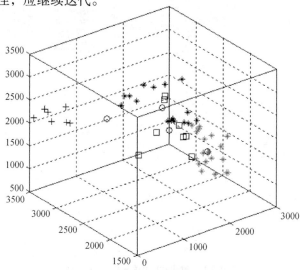

图 9.9　基本蚁群聚类算法效果

9.5.2　改进的蚁群聚类算法及仿真实验

改进的蚁群聚类算法流程如图 9.10 所示。

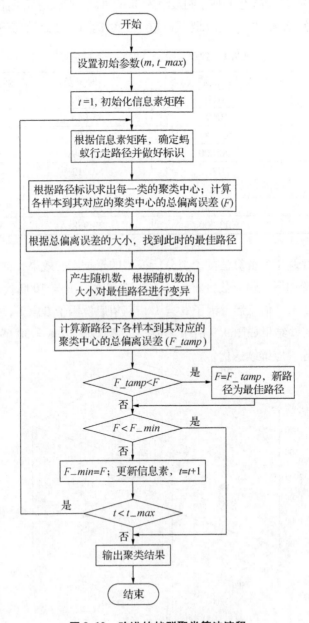

图 9.10　改进的蚁群聚类算法流程

改进的蚁群聚类算法的蚂蚁数目、最大迭代次数等相关参数调试结果如表9.2所示。

表9.2　改进的蚁群聚类算法参数调试

蚂蚁数目	局部寻优参数	最小偏离误差	最大迭代次数（代）	运行时间（s）
10	0.1	19 735	4775	99.0488
100	0.1	19 735	1978	123.0810
1000	0.1	19 735	812	458.4623
10	0.01	19 735	8956	148.2788
100	0.01	19 735	6657	381.1545
1000	0.01	19 735	876	499.8323
10	0.2	19 735	3646	88.1889
100	0.2	19 735	2232	149.1135
1000	0.2	19 735	952	495.0136
100	0.5	19 735	1813	134.2476

该实验是验证改进后的蚁群聚类算法，测试改进算法的聚类效果。参数设置如下：蚂蚁数目 $m=100$，迭代次数 $n=1000$ 代，信息素挥发因子 $\rho=0.1$，信息启发因子 $\alpha=1$，期望启发因子 $\beta=1$，信息素强度 $Q=100$。实验结果如图9.11所示。最小偏离误差 $MIN=19\,726$，此时已达到较好的聚类效果。

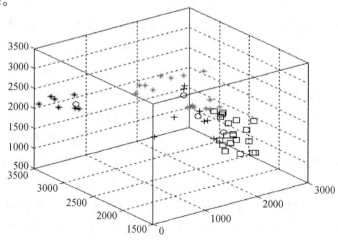

图9.11　改进的蚁群聚类算法效果

9.5.3 基本蚁群算法和改进蚁群聚类算法的实验结果比较分析

聚类效果对比如表9.3所示。

表9.3 基本算法和改进算法的聚类效果对比

蚂蚁数目	基本算法		最小偏离误差	改进算法		最小偏离误差
	最大迭代次数（代）	运行时间（s）		最大迭代次数（代）	运行时间（s）	
10	1000	5.3909	50 013	1000	18.7946	40 806
10	1000	5.2669	51 779	1000	15.5972	42 293
100	1000	50.6583	48 222	1000	71.7635	36 990
100	1000	55.7148	49 049	1000	61.3546	26 704

①从改进算法的优化效果上：由表9.3可知，改进算法减少了迭代次数，并且减少了计算工作量。改进算法的聚类效果要优于基本算法。

②从改进策略的运行时间上：由表9.3可知，在进行的多次测试中，改进算法运行时间明显大于基本算法。在迭代次数较大且蚂蚁数量较多时，运行时间会产生较大区别。

9.6 蚁群算法在多峰值函数优化问题中的应用

多峰值函数优化问题普遍存在于实际生活中，普遍应用于求解多峰值函数的极值问题，越来越引起人们的关注。现如今，人们已经将诸多的智能优化算法应用于处理这些问题，主要有粒子群优化算法（PSO）、模拟退火算法（SA）、遗传算法（GA）、免疫算法（IA）等。吴志远等提出了解决多峰值函数优化问题的自适应遗传算法。该算法采纳了一种新的遗传因子自适应运算模式，使算法的收敛率增大。陶庆云等提出了新的模拟退火算法来处理多峰值函数优化问题。该算法在进化过程中引入了群体智能思想，由于遗传因子的存在，每一个对象都会找到峰值点。该算法的思路简单，而且搜索效率高。文涛等提出了新的免疫粒子群优化算法来处理多峰值函数优化问题。该算法利用粒子群的共享与存储特征使算法的局部搜寻能力提高，并实现了全局优化和局部优化的结合。然而，很少有人利用蚁群算法来处理多峰值函数优化问题。本部分采用蚁群算法来处理多峰值函数优化问题，目标是搜索出多峰值函数的全部极值点。

9.6.1　测试函数介绍（表 9.4）

表 9.4　测试函数介绍

函数指数	函数公式	最大值	函数范围
F1	$f_1 = x + 10\sin(5x) + 7\cos(4x)$	24.8554	$[0,9]$
F2	$f_2 = 10 + \dfrac{\sin\left(\dfrac{1}{x}\right)}{(x - 0.16)^2 + 0.1}$	19.8949	$[-0.5, 0.5]$
F3	$f_3 = x\sin(4\pi x) - y\sin(4\pi y + \pi + 1)$	4.6725	$[-1, 2]$
F4	$f_4 = \cos(2\pi x)\cos(2\pi y)\,\mathrm{e}^{-\frac{x^2 + y^2}{10}}$	1.0000	$[-1, 1]$
F5	$f_5 = 100(x^2 - y^2) + (1 - x)^2$	3.9059e+03	$[-2.048, 2.048]$
F6	$f_6 = (x - 1)^2 + (y - 2.2)^2 + 1$	3.4400	$[0,2]$、$[1,3]$
F7	$f_7 = \dfrac{3}{0.05 + (x^2 + y^2)} + (x^2 + y^2)^2$	1.8228e+04	$[-5.12, 5.12]$
F8	$f_8 = 1 + x\sin(4\pi x) - y\sin(4\pi y + \pi)$	3.2681	$[-1, 1]$

9.6.2　测试函数仿真实验

本部分选择了 8 个测试函数进行仿真实验，算法所得的极值点是蚂蚁最终堆积的子区间的中点位置。实验中各参数设置为：蚂蚁数目 $m = 100$ 只，迭代次数 $n = 50$，信息启发因子 $\alpha = 1$，期望启发因子 $\beta = 1$，信息素挥发因子 $\rho = 0.8$，信息素强度 $Q = 100$。仿真实验搜寻时将区间划分为 20 个小区间。

（1）函数 F1

$$f_1 = x + 10\sin(5x) + 7\cos(4x),\, x = [0,9] \tag{9.10}$$

该函数是二维空间的多峰值函数，有 7 个局部极大值，并且有一个全局极大值。函数仿真实验结果如图 9.12 所示。

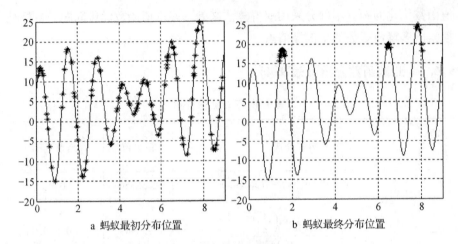

a 蚂蚁最初分布位置　　　　　　b 蚂蚁最终分布位置

图 9.12　蚂蚁分布位置变化（F1）

通过图 9.13 可以看出，最优适应度值逐渐增大并趋于 24.8554，即最大值为 24.8554。

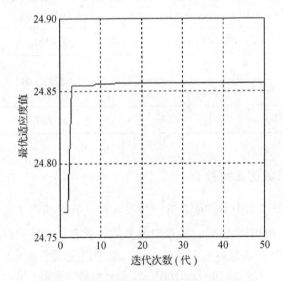

图 9.13　函数 F1 最优适应度值变化趋势

（2）函数 F2

$$f_2 = 10 + \frac{\sin\left(\dfrac{1}{x}\right)}{(x - 0.16)^2 + 0.1}, x = [-0.5, 0.5] \qquad (9.11)$$

该函数是二维空间的多峰值函数，有多个局部极大值，并且有一个全局极大值。函数仿真实验结果如图 9.14 所示。

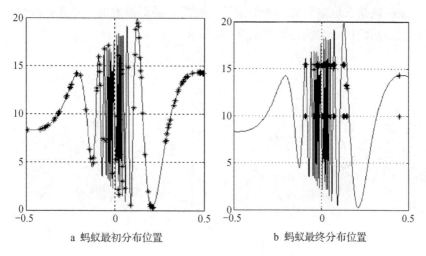

a 蚂蚁最初分布位置　　　　b 蚂蚁最终分布位置

图 9.14　蚂蚁分布位置变化（F2）

通过图 9.15 可以看出，最优函数值逐渐增大并趋于 19.8949，即最大值为 19.8949。

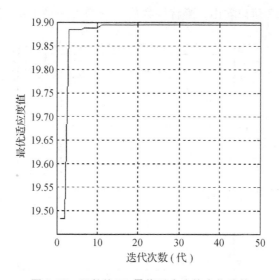

图 9.15　函数值 F2 最优适应度值变化趋势

（3）函数 F3

$$f_3 = x\sin(4\pi x) - y\sin(4\pi y + \pi + 1), x, y = [-1, 2] \qquad (9.12)$$

该函数是三维空间的多峰值函数，有多个局部极大值，并且有两个全局极大值。函数仿真实验结果如图 9.16 所示。

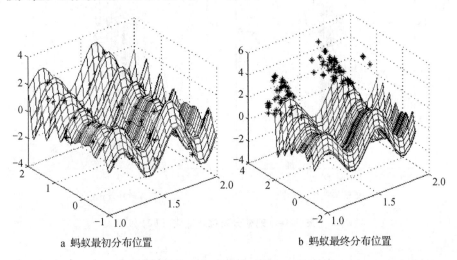

a 蚂蚁最初分布位置　　　　　　　　b 蚂蚁最终分布位置

图 9.16　蚂蚁分布位置变化（F3）

通过图 9.17 可以看出，最优函数值逐渐增大并趋于 4.6725，即最大值为 4.6725。

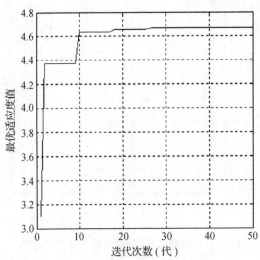

图 9.17　函数 F3 最优适应度值变化趋势

（4） 函数 F4

$$f_4 = \cos(2\pi x)\cos(2\pi y)e^{-\frac{x^2+y^2}{10}}, x,y = [-1,1] \qquad (9.13)$$

该函数是三维空间的多峰值函数，具有 11 个局部最大值。函数仿真实验结果如图 9.18 所示。

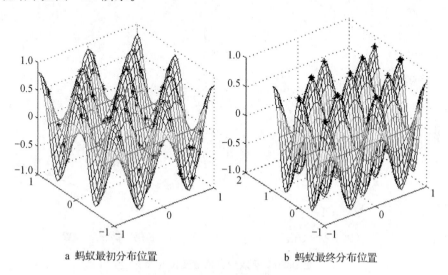

a 蚂蚁最初分布位置　　　　　　　b 蚂蚁最终分布位置

图 9.18　蚂蚁分布位置变化（F4）

通过图 9.19 可以看出，最优函数值逐渐增大并趋于 1，即最大值为 1。

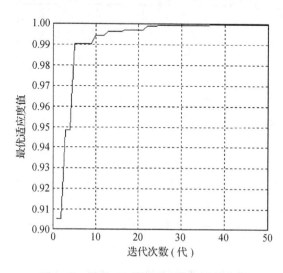

图 9.19　函数 F4 最优适应度值变化趋势

（5）函数 F5

$$f_5 = 100(x^2 - y^2) + (1 - x)^2, x, y = [-2.048, 2.048] \quad (9.14)$$

该函数是三维空间的两峰值函数，有 2 个局部极大值。函数仿真实验结果如图 9.20 所示。

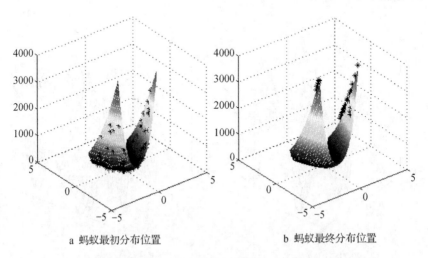

a 蚂蚁最初分布位置 b 蚂蚁最终分布位置

图 9.20 蚂蚁分布位置变化（F5）

通过图 9.21 可以看出，最优函数值一直趋于最大值 3.9059e + 03。

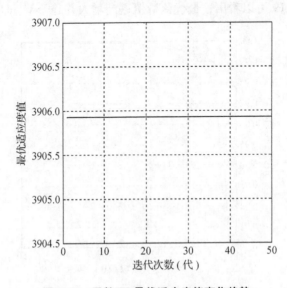

图 9.21 函数 F5 最优适应度值变化趋势

（6）函数 F6

$$f_6 = (x - 1)^2 + (y - 2.2)^2 + 1, x = [0,2], y = [1,3] \qquad (9.15)$$

该函数是三维空间的四峰值函数，有 4 个局部极大值。函数仿真实验结果如图 9.22 所示。

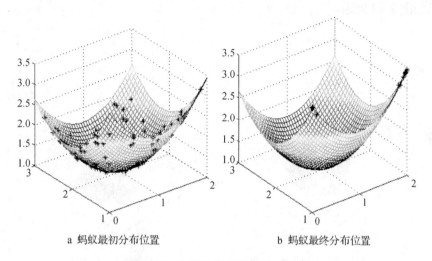

a 蚂蚁最初分布位置　　　　　　b 蚂蚁最终分布位置

图 9.22　蚂蚁分布位置变化（F6）

通过图 9.23 可以看出，最优函数值一直趋于最大值 3.4400。

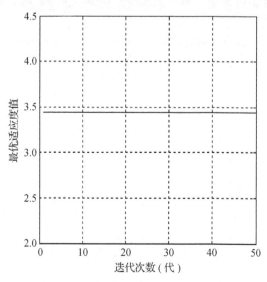

图 9.23　函数 F6 最优适应度值变化趋势

（7）函数 F7

$$f_7 = \frac{3}{0.05 + (x^2 + y^2)} + (x^2 + y^2)^2, x, y = [-5.12, 5.12] \quad (9.16)$$

该函数是三维空间的五峰值函数，有 5 个局部极大值。函数仿真实验结果如图 9.24 所示。

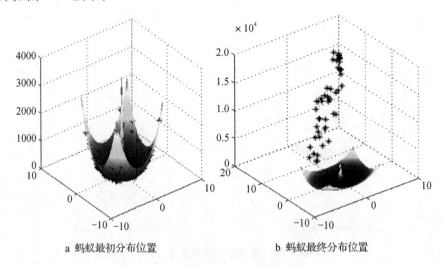

a 蚂蚁最初分布位置   b 蚂蚁最终分布位置

图 9.24 蚂蚁分布位置变化（F7）

通过图 9.25 可以看出，最优函数值逐渐增大并趋于最大值 1.8228e+04。

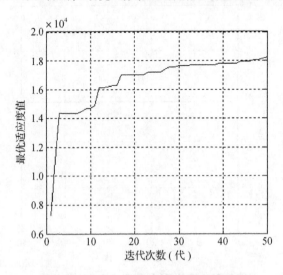

图 9.25 函数 F7 最优适应度值变化趋势

（8）函数 F8

$$f_8 = 1 + x\sin(4\pi x) - y\sin(4\pi y + \pi), x, y = [-1,1] \qquad (9.17)$$

该函数是三维空间的多峰值函数，有多个局部极大值。函数仿真实验结果如图 9.26 所示。

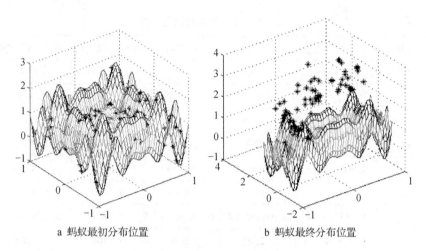

　　　a 蚂蚁最初分布位置　　　　　　　　　b 蚂蚁最终分布位置

图 9.26　蚂蚁分布位置变化（F8）

通过图 9.27 可以看出，最优函数值逐渐增大并趋于最大值 3.2681。

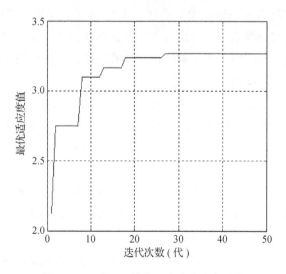

图 9.27　函数 F8 最优适应度值变化趋势

9.6.3 测试函数实验结果分析

表9.5所示是蚁群算法在运行10次后得到的平均适应度值和最优值、最差值、运行时间和平均值的方差。

表9.5 蚁群算法最优化问题

函数指数	平均适应度值	最优值	最差值	运行时间（s）	平均值的方差
F1	24.7605	24.8554	24.3226	1.2094	0.0091
F2	19.5409	19.8949	19.2245	1.3481	0.0038
F3	4.3421	5.1535	3.2875	0.5695	0.0074
F4	0.9497	1.0000	0.8675	0.5782	0.0003
F5	$3.9059e+03$	$3.9059e+03$	$3.9059e+03$	0.5866	0
F6	3.4400	3.4400	3.4400	0.5760	0
F7	$1.5853e+04$	$2.1028e+04$	$0.9835e+04$	0.6380	$0.0078e+04$
F8	2.8261	3.2568	2.2000	0.5706	0.0160

①算法的稳定性：本部分采用蚁群算法对这8个函数分别进行了10次仿真实验，每一次实验的结果是一致的，表明该算法具有较好的稳定性。蚁群算法是一种概率型的智能搜索算法，其结果有一定幅度的波动趋势。然而，蚁群算法的选择概率只对蚁群转移的方向有影响，最后它只对蚁群堆积区域的蚂蚁数量有影响，不影响堆积区域的数量，以及堆积区域的位置。因此，该算法每次实验的结果都一致。

②算法的运行时间：由表9.5可知，平均运行时间为0.7596 s，用于处理多维多峰值函数优化问题的蚁群算法的运行时间比二维多峰值函数优化问题所用的运行时间短。结果表明，蚁群算法在解决多维多峰值函数优化问题时，在时间上具有优势。

③算法的收敛速度：由进化曲线可知，蚁群算法处理多维函数的收敛速度较快，不同的函数运行中可能有特例，但本次实验中蚁群算法处理多维函数比处理二维函数在收敛速度上有优势。

将蚁群算法运用于处理多峰值函数问题，蚁群算法最大的特点是不再处理不含蚂蚁的区域。包含蚂蚁的区域被细分为极小的区域，蚁群算法被再次应用于这些极小的区域去搜寻极值点。若区域的长度逐渐变小到一定程度，就认定蚂蚁堆积的区域的任何函数值靠近极值点，此时算法便终止。仿真实验证明，蚁群算法不仅能搜寻到函数的所有极值点，而且具有速度快、精度高、稳定性好等优点。但在处理多维多峰值函数优化问题时，必须要改进和缩短运行时间。

9.7　蚁群算法在 TSP 问题中的应用

从现有的蚁群算法研究成果可以看出，蚁群算法有极强的鲁棒性、优越的分布式计算机制、容易与其他算法结合等亮点。当然，蚁群算法也不是完美的，也存在着缺点。蚁群算法最明显的缺点便是搜寻时间较长、易于陷入局部最优解等问题。因此，国内外的绝大多数学者对蚁群算法模型的改进都有一个相同的目的，即在合适的时间和复杂度内，尽量使蚁群算法的全局搜寻能力提升，使蚁群算法的全局收敛率增大，拓展蚁群算法的运用规模。本部分将蚁群算法运用于处理 TSP 问题。

9.7.1　TSP 问题描述

TSP 问题，也被称作旅行推销员问题、货郎担问题，是数学范畴中重要的研究问题之一。假如有一位旅游商人要游走 n 个城市，他必需选取要走的路径。路径的限定是每一个城市只得游走一次，而且最终必须要回到原先出发的城市。路径的选取宗旨是所选的路径是全部路径中最短的一条。

求解 TSP 问题的仿真实验选取中国各省、自治区省会及直辖市、特别行政区城市为实验对象，它们实际地理位置的经纬度如表 9.6 所示。

表 9.6　中国各省、自治区省会及直辖市、特别行政区城市实际地理位置的经纬度

		城市	东经（°）	北纬（°）
	安徽（皖）	合肥	117.17	31.52
	福建（闽）	福州	119.18	26.05
省名（23）	甘肃（甘，陇）	兰州	103.51	36.04
	广东（粤）	广州	113.14	23.08
	贵州（黔，贵）	贵阳	106.42	26.35
	海南（琼）	海口	110.20	20.02

续表

		城市	东经（°）	北纬（°）
省名（23）	河北（冀）	石家庄	114.30	38.02
	河南（豫）	郑州	113.40	34.46
	黑龙江（黑）	哈尔滨	126.36	45.44
	湖北（鄂）	武汉	114.17	30.35
	湖南（湘）	长沙	112.59	28.12
	吉林（吉）	长春	125.19	43.54
	江苏（苏）	南京	118.46	32.03
	江西（赣）	南昌	115.55	28.40
	辽宁（辽）	沈阳	123.25	41.48
	青海（青）	西宁	101.48	36.38
	山东（鲁）	济南	117.00	36.40
	山西（晋）	太原	112.33	37.54
	陕西（秦，陕）	西安	108.57	34.17
	四川（蜀）	成都	104.04	30.40
	云南（滇，云）	昆明	102.42	25.04
	浙江（浙）	杭州	120.10	30.16
	台湾（台）	台北	121.30	25.03
自治区（5）	广西（桂）	南宁	108.19	22.48
	宁夏（宁）	银川	106.16	38.27
	新疆（新）	乌鲁木齐	87.36	43.45
	西藏（藏）	拉萨	90.08	29.39
	内蒙古（内蒙古）	呼和浩特	111.41	40.48
直辖市（4）	北京市（京）	北京	116.24	39.55
	上海市（沪）	上海	121.29	31.14
	天津市（津）	天津	117.12	39.02
	重庆市（渝）	重庆	106.33	29.35
特别行政区（2）	香港（港）	香港	115.12	21.23
	澳门（澳）	澳门	115.07	21.33

9.7.2　仿真实验

利用蚁群算法来解决 TSP 问题，并做了仿真实验。实验参数设置为：最大迭代次数 $Max\_it = 150$ 代，蚂蚁数目 $m = 25$，信息启发因子 $\alpha = 1$，期望启发因子 $\beta = 5$，信息素挥发因子 $\rho = 0.1$，信息素强度 $Q = 100$。

实验得到最优旅行路径为：

哈尔滨—长春—沈阳—济南—天津—北京—石家庄—呼和浩特—太原—郑州—西安—银川—兰州—西宁—乌鲁木齐—拉萨—昆明—成都—重庆—贵阳—南宁—海口—广州—澳门—香港—台北—福州—南昌—长沙—武汉—合肥—南京—杭州—上海—哈尔滨，旅行路线总长为 1.5664 万 km（图 9.28 和图 9.29）。

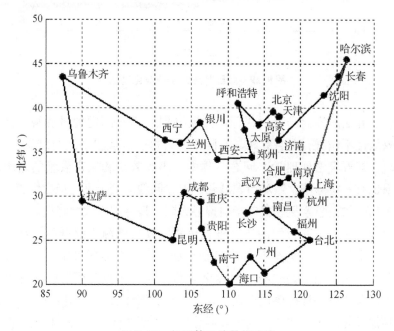

图 9.28　蚁群算法的最优路线

从仿真实验可以看出，蚂蚁数目和迭代次数对算法的性能有一定程度的影响。当蚂蚁数目不变时，最短距离随着迭代次数的增加而减少，但增加到一定量，最短距离就会停止减少。当迭代次数不变时，最短距离随着蚂蚁数目的增加会有所减少，但增加到一定量，最短距离还有增加的可能性。

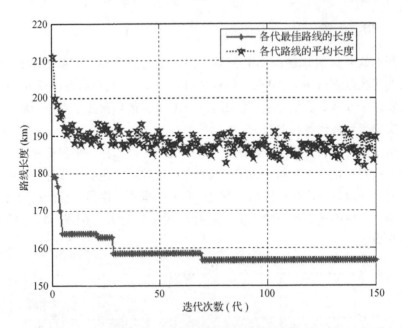

图9.29　蚁群算法的路径演化过程

　　蚁群算法的实验结果说明，虽然搜寻到了 TSP 问题的最优解，但最优解的收敛性不乐观，况且算法具有随机性，每一次实验的运行结果不一致。另外，在蚁群算法处理 TSP 问题流程中，蚂蚁数目和城市数量的差距对实验结果也有一定影响。当城市领域较宽时，问题的繁杂度呈指数增长，就只靠一个基础的信息素更新机制指引搜寻方向，搜寻效率大大降低。

　　蚁群算法是一种新型的仿生进化算法，其灵感源于蚁群的寻觅食物行为。算法中的所有"蚂蚁"都是单独行动，不设有监察机制。蚁群算法是一种合作算法，人工蚂蚁经过间接交流和相互合作找到问题的最佳解决方案。蚁群算法是一种鲁棒性极强的算法，只要该算法做小幅修改，就可以运用于其他优化问题。如今，利用蚁群算法解决函数优化、组合优化、数据聚类和机器人路径规划等范畴的问题，在解决繁杂优化问题方面发挥了它的长处。然而，由于该算法兴起的时间较短，对它的研究还没有形成成熟的理论体系。算法的重要参数主要是根据仿真实验的经验进行选取的，不存在成熟的理论指引，并且运行时间偏长，易于出现停滞的情况。蚁群算法的理论和应用确实还有很多问题必须进一步研究和处理。

　　蚁群算法未来的研究目标有如下几个重要方面：

①在理论上更加完善。尽管蚁群算法的良好全局收敛性得到了证实，但仿真实验证实其还具有很多局限性，收敛率并不完全等于1，而是接近1。因此，必须要引进新的数学理论和模型来证实蚁群算法的严谨收敛性。

②在混合算法的构造方面进行更深入研究。任何一种算法不可能在所有方面都占有优势，构建混合优化算法以结合各种算法的亮点就显得非常重要。如何将群体智能算法与其他算法结合来构成功能强大和复杂的混合智能优化算法，是将来需要实现的研究目标。

③拓展蚁群算法的应用领域。现有的蚁群算法研究成果表明，大多数的实践应用就只是发展到实验阶段，况且很多应用是在简化实际问题和实验约束前提条件下进行的。因此，将蚁群算法应用于动态优化问题和多目标优化问题等方面，必须要进行更深入的研究。同时，群体智能算法的运用规模还需扩大，将蚁群算法实际应用于解决多种复杂问题，也是今后的重要研究内容。

第四部分　免疫优化算法

第十章　免疫优化算法

10.1　国内外研究现状

随着时间的推移，科学技术不断地进行着更新换代，现有的各种学科也在不断地交融、相互发展，各个学科的最新研究成果也被不断地应用在其他学科，以求能够从不同角度促进学术研究的提升与进步。在这个世界上，有许许多多的生物体系及它们的生物系统，科学研究者不断试图从生物系统中获得灵感来解决生活中遇到的不同问题，并以此产生了一门新的学科——仿生学。

一直以来，人类都在不断地从自然界的生物系统中获取灵感，研究并发展了许许多多的技术、方法和工具，用于解决人们生活中的工程问题。自然界生物是人们解决问题的灵感源泉，在生物科学的研究中，研究者不断地对遗传和免疫等问题进行研究。我们都知道，生物免疫系统是一个复杂的自适应系统，它能有效地识别生物体内不同种类及功能的细胞等，它可以有效地消灭异己，如病原体、细菌等；并且生物免疫系统还具备许多如抗原的识别、抗原的记忆及抗体的抑制和促进等信息处理机制和功能特点。生物免疫系统可以很好地保护人体，使人体不受外部病原体的侵害。生物免疫系统不依赖其他中心控制，它在识别及应答过程中展现出很多的智能特性。免疫算法就是基于生物免疫系统的机能，并以此构造出来的具有使用方便、鲁棒性强、便于并行处理等特点的算法。虽然起步较晚，但免疫算法已成为当今智能算法研究热点之一，已在函数优化、人工神经网络设计、智能控制等领域获得了成功的应用。近几年，网络和智能成为免疫算法发展的特征之一，也是其重要应用领域。免疫算法在增强系统的鲁棒性、维持机体动态平衡方面有明显的成效。经过各位学者的不断研究，免疫算法于其他算法的并行性得到充分发挥，如免疫遗传算法、免疫粒子群优化算法。这些算法的产生，增加了算法的灵活性。现在主要的应用有机器学习、故障诊断、网络安全、优化设计。

在免疫算法中，我们可以认为待求解的目标函数及约束条件代表免疫系统中的抗原，问题的可行解代表免疫系统对抗原产生的抗体，可行解的目标函数值就代表了免疫系统中产生的抗体与抗原之间的亲和度。免疫算法总是优先选择亲和度高、浓度小的抗体进入下一代抗体群，并以此来达到促进高亲和度抗体和抑制高浓度抗体的目的，并且在进化的过程中充分维持抗体多样性。由此，免疫算法有效地避免了陷入局部最优解，并且它提高了算法的局部搜索能力，加快了算法的收敛速度。而且，多年以来，免疫算法在各种领域都有了许多的应用。免疫算法的研究成果已经涉及非线性最优化、组合优化等诸多领域，并且在这些领域表现出十分卓越的性能和效率。免疫算法在实际应用过程中也存在着如稳定性较差、数据冗余、局部搜索能力有限等一些缺点。对此，在智能算法领域，国内外许多学者也正在对免疫算法进行分析和改进研究。例如：Forrest 等人提出的否定选择算法，de Castro 等人提出的克隆算法，王磊等人提出的免疫规划算法等。

随着生物免疫学的不断发展，一些新的免疫机制理论的发现，都将会为免疫算法的发展和完善提供新的灵感与理论支持。因此，国内外的学者对免疫系统的研究还在不断深入，而优化理论的研究就是在一系列方案中找到最优方案。关于优化问题的研究工作不断深入，对人类的发展起到十分重要的作用。本章将对免疫系统和免疫算法的理论基础加以说明，并对免疫算法在函数的求解问题进行实现，并探讨其优缺点。

免疫算法是在人体免疫系统的基础上发展而来的一种仿生智能算法。人们对于免疫系统的研究始于 20 世纪 80 年代中叶 Farmer 等人提出的生物免疫系统的自适应动态模型。经过多年的发展与研究，研究者对于免疫系统及免疫算法的研究成果已经涉及许多其他领域，并且它们已经成为人工智能领域研究的重点方向。20 世纪 90 年代末，美、英、日等国家先后对免疫系统开展了相关研究工作，并以此引发了对免疫系统的研究热潮。随后，国内外学者开始关注并开展对人工免疫系统相关领域的研究，与此同时，成立了"人工免疫系统及应用分会"等国际组织。2002 年，一部名为 "Artificial Immune Systems：A New Computational Intelligence Approach" 的学术著作全面阐述了人工免疫算法的原理、结构、实现细节及实际应用。2008 年，Dasgupta 和 Nino 系统阐述了基于人工免疫系统的最新研究成果，并给出了大量的实用实例，并出版了 "Artificial Immune Systems and Their Applications" 这一有关免疫计算的学术著作。2000 年，de Castro 根据克隆选择原理首次提出克隆选择算法，并形成了基本人工免疫算法的基本执行流程。2002 年，de Castro 和 Timmis 等人建立了基于实数编码的广义克隆选择算法。Wierzchon 等人区别在于突变策略的选择方式不同的基础上设计出实数编码的克隆选择算法。Costa 等人为了增加初始抗体群的多样性，也提出了基于多字符编码规则的人工免疫算法。de Castro 和 Calos 提出了一种多目标人工免疫算法。Khaled 设计出一种 CLONALG 算法，该算法是在实数编码的基础上，采用了 Gray 码的方式编码。在免疫算法的算子方面，Bersini 设计出具有更佳性能的自适应交叉和动态克隆算子，在克隆选择算法的克隆算子上实现了突破。Ying Yu 等人将一种学习免疫机制引入算法中，以此来加快免疫算法的收敛速度。Luo 等人在人工免疫算法中设计了一种相似抑制算子，以此来改善算法的个体多样性。Khaled 等人在变异操作中，引入 Logistic 混沌变异操作，并以此来减少搜索过程出现的数据冗余。

　　国内对于免疫系统及免疫算法的研究较之国外晚了许多。1998 年，王磊、焦李成等人在 CSP 98 上首先提出了一种免疫遗传算法并应用于一种典型的优化问题——TSP 问题的求解中。之后，王熙法、周伟良、曹先彬、刘克胜等人先后提出了各自设计的免疫算法。在免疫算法的算子研究方面，杜海峰等人给出了不同操作算子相应的参数选择方法。葛红等人对免疫算法的抗体密度和抗体繁殖率进行改进。舒万能等人利用混沌的随机性、遍历性和规律性等优点，设计了一种 Logistic 混沌变异操作算子。在免疫算法的结构方面，刘若辰等人研究了免疫单克隆机制和免疫多克隆机制。舒万能等人提出了一种进化反馈深度模型和种群生存度的设计理念。国内虽然对免疫算法的研究起步较晚，但在免疫算法的研究及其应用上也取得了不错的成果。经研究归纳，免疫算法可分为 3 种情况：①基本免疫算法，模拟免疫系统中抗原与抗体的结合原理；②基于免疫系统其他特殊机制抽象出来的免疫算法，如克隆选择算法；③免疫算法与其他智能算法结合形成的新算法，如免疫遗传算法。基于这 3 种主流的算法，国内对免疫算法的研究有对免疫算法参数问题的研究，有对多维教育免疫网络的研究，增强了教育网络的安全性；也有 TSP 问题求解、装配序列规划问题求解、工程项目多目标优化研究、应用免疫算法进行电网规划研究；还有基于混沌免疫进化算法的物流配送中心选址方案。目前，国内的研究主要集中在算法的优化改进上，以及与其他智能算法相结合的研究。

经过几十年的研究，国内外在物流配送中心选址问题的研究日趋成熟，形成了相对完善的选址方法，大体可归纳为：

①定性分析法。定性分析法主要依赖专家和决策者的先知经验、知识，经过综合分析，统筹规划来确定其地理位置，主要有专家分析法、德尔菲法。定性分析法的优点在于利于操作、简单易行，在一定程度上能够利用丰富的经验来解决选址问题；其缺点在于，由于这种选址方法带有个人主观因素，往往会犯主观主义或经验主义的错误，缺乏科学性、客观性，导致选址方案的可靠性不高。

②定量分析法。定量分析法使用数学模块对数据进行分析，通过分析可提供给决策者科学合理的建议，让其做出投资判断。这种方法主要有重心法、混合 0－1 整数规划法、遗传算法。其优点是能通过科学的计算分析，求出比较可靠的解。

10.2 免疫算法的基本原理

10.2.1 生物免疫系统

免疫是人体维持内环境温度的一种生理功能，它能够识别并清除生物体内的非己抗原。生物体的免疫系统是生物保持免疫力且抵抗外部细菌及病毒入侵的系统。免疫系统由免疫器官、免疫细胞及免疫活性分子组成。免疫器官包括中枢免疫器官和外围免疫器官，中枢免疫器官有骨髓、胸腺等，外围免疫器官有淋巴结、扁桃体、脾等；免疫细胞包括淋巴细胞和吞噬细胞，其中，淋巴细胞又包括 T（淋巴）细胞及 B（淋巴）细胞；免疫活性分子包括抗体、补体、单核及淋巴因子等。

生物免疫系统是一种高度进化的生物系统，它是一个高度并行、分布、自适应和自组织的系统，并且具有很强的学习、识别和记忆能力（图 10.1）。

生物免疫系统具有如下特征：

①可以产生多样抗体。生物免疫系统可以通过细胞的分裂和分化作用产生大量的抗体来抵御各种抗原。

②具有自我调节机构。生物免疫系统本身含有维持免疫平衡的机制，它可以通过对抗体的抑制和促进作用来自我调节产生适当数量的必要抗体。

③具有免疫记忆功能。生物免疫系统产生抗体的部分细胞会作为记忆细

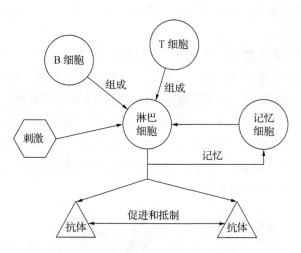

图 10.1　生物免疫系统抽象模型

胞被保存下来，对于其后入侵的同类抗原，其相应的记忆细胞会迅速激发并产生大量的抗体。

10.2.2　免疫算法

免疫算法是由生物免疫系统启发发展而来的一种新兴智能算法。免疫算法是利用生物免疫系统的多样性产生和其维持机制来保持群体的多样性，并克服一般寻优过程，尤其是多峰函数寻优过程中难处理的"早熟"问题，最终求得最优全局解的算法。

免疫系统对外界入侵的抗原，受抗原的刺激，生物体中的淋巴细胞会分泌出相应的抗体，其目标是尽可能保证整个生物系统的基本生理功能的正常运转，并产生记忆细胞，以在下次相同抗原入侵时，能够快速地做出反应。借鉴其相关内容和知识，并将其应用于工程科学某些领域，收到了良好的效果。

免疫算法是受启发于生物免疫系统，在免疫系统上发展而来的一种算法，它的机制也与免疫系统相同。基本免疫算法基于生物免疫系统基本机制，模仿了人体的免疫系统。基本免疫算法从体细胞理论和网络理论得到启发，实现了类似于生物免疫系统抗原识别、细胞分化、记忆和自我调节的功能。

一般来说，免疫反应就是当病原体入侵人体时，受病原体刺激，人体免疫系统以排除抗原为目的而发生的一系列生理反应。其中，B 细胞和 T 细胞起着重要的作用。

B 细胞的主要功能是产生抗体，并且每种 B 细胞只产生一种抗体。免疫系统主要依靠抗体来对入侵抗原进行攻击，以保护有机体。T 细胞不产生抗体，它直接与抗原结合，并实施攻击，同时还兼顾着调节 B 细胞活动的作用。成熟的 B 细胞产生于骨髓中，成熟的 T 细胞产生于胸腺中。B 细胞和 T 细胞成熟之后进行克隆增殖、分化并表达功能。正是由于这两种淋巴细胞之间相互影响、相互控制的关系，才使得有机体得以维持有机体反馈的免疫网络。

免疫算法原理见图 10.2。

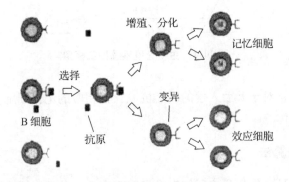

图 10.2　免疫算法原理

免疫算法保留着生物免疫系统中一些主要的元素，各元素与生物免疫系统一一对应，如表 10.1 所示。

表 10.1　免疫算法各元素与生物免疫系统一一对应关系

生物免疫系统	免疫算法
抗原	待求问题的目标函数
抗体	待求问题的解
抗原识别	问题的识别
从记忆细胞产生抗体	从先知的成功经验中产生解
淋巴细胞分化	保持优良的解
抗体的抑制	消除剩余候选解
抗体的促进	利用遗传算子产生新抗体

免疫算法的步骤如下。

Step1：分析问题，即抗原识别。输入目标函数及其约束条件作为免疫算法的抗原，同时，读取记忆库文件，如果这个问题曾经计算过，并且该问题在记忆库中存储过相关信息，那么初始化记忆库。

Step2：产生初始解，即产生初始抗原群体。初始解的产生是根据 Step1 对抗原的识别，如果求解问题在记忆库中有所保留，那么从记忆库中提取，不足部分随机产生；如果记忆库为空，那么则全部随机产生。

Step3：对上述群体中各抗体进行评价，即适应度评价（或计算亲和度）。在解的规模中的各个抗体，计算其亲和度。

Step4：形成父代群体，即记忆单元的更新。将适应度高的个体加入记忆库，并以此来保证对优良解的保留，并使其能够延续到后代当中。

Step5：基于解的选择。选择适应度高的个体，同时记录下其产生的后代。

Step6：产生新抗体。通过交叉、变异、逆转等算子作用，选入的父代将产生新一代抗体。

Step7：终止条件。条件满足，则终止；否则，跳转到 Step3。

免疫算法流程见图 10.3。

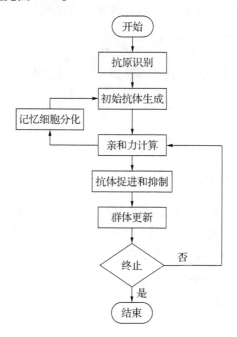

图 10.3　免疫算法流程

10.2.3　常用计算公式

（1）计算亲和度的一般公式

$$(A_g)_k = \frac{1}{1 + t_k} \tag{10.1}$$

式中：t_k 为抗原和抗体的结合强度。一般免疫算法计算结合强度 t_k 如下：

1）海明距离

$$D = \sum_{i=1}^{L} \delta = \begin{cases} \delta = 1, x_i \neq y_i \\ \delta = 0, 其他 \end{cases} \tag{10.2}$$

2）Euclidean 距离

$$D = \sqrt{\sum_{i=1}^{L} (x_i - y_i)^2} \tag{10.3}$$

3）Manhattan 距离

$$D = \sqrt{\sum_{i=1}^{L} |x_i - y_i|} \tag{10.4}$$

（2）抗体浓度

C_v 为抗体浓度，即群体中相似抗体所占的比例，即：

$$C_v = \frac{1}{N} \sum_{j \in N} S_{v,s} \tag{10.5}$$

式中：N 为抗体总数，$S_{v,s}$ 为抗体和抗体之间的亲和度。

$$S_{v,s} = \begin{cases} 1, S_{v,s} > T \\ 0, 其他 \end{cases}$$

式中：T 为预先设定的一个阀值。

10.2.4　免疫算法的特点

免疫算法是受生物免疫系统的启发推出的一种新型的智能搜索算法。对外界入侵的抗原，受抗原的刺激，生物体中的淋巴细胞会分泌出相应的抗体，其目标是尽可能保证整个生物系统的基本生理功能的正常运转，并产生记忆细胞，以在下次相同抗原入侵时，能够快速地做出反应。借鉴其相关内容和知识，并将其应用于工程科学某些领域，收到了良好的效果。免疫算法的特点如下：

①免疫算法能够提高抗体的多样性。在免疫系统中，B 细胞在抗原刺激

下能够分化或增生成为浆细胞，它可以产生特异性免疫球蛋白即抗体，并以此来抵抗抗原，根据这种机制可以提高遗传算法的全局优化搜索能力。

②免疫算法具有自我调节的特性。免疫系统可以进行自我调节，其主要通过抑制或促进抗体来达到目的，因此免疫系统总是能够维持平衡。在此基础上，可以利用相同的方法来抑制或促进免疫算法的个体浓度，并以此来提高免疫算法的局部搜索能力。

③免疫算法具有记忆功能。在免疫系统中，当第一次抗原刺激后，它会将其部分产生过的相应抗体的细胞保存，我们称为记忆细胞，当相同的抗原再次刺激免疫系统时能够迅速地产生大量的相对应的抗体。

10.2.5　免疫算法的实现

（1）初始抗体群的产生

如果记忆库非空，则初始抗体从记忆库中选择生成。否则，随机产生初始抗体群。每个选址方案用一个长度为 p（各方案选中的配送中心总数目）的编号序列表示，每个方案编号代表被选为配送中心的需求点的序列。

本案例中，采用实数编码方式，由 31 个城市组成的配送中心，则编号 1，2，…，31 代表各配送中心。如考虑包含 31 个配送中心的问题，1，2，…，31 代表配送中心的编号，从中选出 6 个作为配送中心。抗体［5，7，12，16，29，11］6 个元素，表示其编号对应的城市被选为配送中心。

（2）解的多样性评价——亲和度计算

1）抗体—抗原亲和度（即匹配度）

$$A_v = \frac{1}{F_v} = \frac{1}{\sum_{i \in N} \sum_{j \in M_i} w_i d_{ij} z_{ij} - C \sum_{i \in N} \min\left(\left(\sum_{j \in M_i} z_{ij}\right) - 1, 0\right)} \tag{10.6}$$

式中：C 是一个较大的正数，表示如果距离过长，超过了约束条件中的解，则给予惩罚，属于惩罚函数。亲和度 A_v 介于 0 和 1 之间。

2）抗体—抗体亲和度（即相似度）

此案例中采用 R 位连续方法计算抗体与抗体间的亲和度。R 位连续方法实际上是一种部分匹配规则。

先确定一个 R 值，R 表示亲和度的阈值。抗体间相似度高的判断条件为两个编码中有超过 R 位或连续 R 位相同，否则表示两个不同的个体：

$$S_{v,s} = \frac{k_{v,s}}{L} \tag{10.7}$$

式中：$k_{v,s}$ 表示抗体 v 与抗体 s 中相同的位数，L 为一般抗体的长度。如两个抗体为 [2，7，18，6，19，16，10，12]、[15，8，7，26，6，19，21，9，12]，共有 7、6、19 三个中心相同，则 $k_{v,s}=3$，其长度 L 为 9，故其相似度即亲和度为 1/3。

（3）抗体浓度

抗体浓度指的是群体中相似抗体（采用上文提到的 R 位连续方法计算）在群体抗体中所占的比例，即：

$$C_v = \frac{n}{N} \sum_{j \in N} S_{v,s} \tag{10.8}$$

式中：C_v 表示抗体 v 的浓度，n 表示抗体的总数，N 为抗体的集合。其中：

$$S_{v,s} = \begin{cases} 1, S_{v,s} > T \\ 0, 其他 \end{cases} \tag{10.9}$$

式中：T 是一个预定的阀值。

（4）期望繁殖率

在群体中，每一个个体的期望繁殖率由抗体与抗原间亲和度 A_v 和抗体浓度 C_v 确定。

$$P = a \frac{A_v}{\sum A_v} + (1-a) \frac{C_v}{\sum C_v} \tag{10.10}$$

式中：a 为多样性评价参数（常为 0.95），可以看出，抗体浓度与期望繁殖率成反比，抗体与抗原间亲和度与期望繁殖率成正比。

（5）免疫算子操作

免疫算子的操作类似于遗传操作，包括选择（Selection）、交叉（Crossover）、变异（Mutation）。

选择：选择操作也称为复制操作，根据期望繁殖率来判断哪些个体会被选中进行克隆。一般来说，期望繁殖率大的个体有较大的概率存在于下一代，而期望繁殖率的个体在下一代中被淘汰的概率较大。按照轮盘选择机制，令 $\sum f_i$ 表示群体期望繁殖率之和，f_i 为群体中第 i 个染色体的期望繁殖率。它的后代期望繁殖率占总期望繁殖率的比例为 $f_i / \sum f_i$。

交叉：采用单点交叉，简单来说交叉操作就是将各个个体分别作为下一代的父母个体，将它们的部分染色体进行交换。

例如：有两个个体 a1 和 a2：

a1：

1	0	0	0	1	1	1	0

a2：

1	1	0	1	1	0	0	1

随机生成一个小于8位的交叉的位数 c，如 $c=3$，将 a1 和 a2 的低3位进行交换，a1 的高5位和 a2 的低3位组成串 10001001，a2 的高5位与 a1 的低3位组成串 11011110。这两个就是 a1 和 a2 的后代 A1、A2。

变异：简单的变异操作主要是随机选择变异位，之后改变这个变异位上的数码。以二进制编码为例，二进制编码的每一位只能取0或1，所以变异可表示为：

1	0	1	0	0	1	1	0

随机选择变异位 1~8 的数 c，假如是 $c=5$，从右往左数第5位进行变异操作，第5位为0，把0变成1，得到的结果为变异后的结果：

1	0	1	1	0	1	1	0

合理地选择参数，能够大幅提高算法的效率。经过各学者多年的实验，交叉概率取 0.60~0.95，变异概率取 0.001~0.010。种群规模对算法效率的影响也是比较大的。种群规模太小不利于进化，规模太大使得程序运行时间过长。一般的种群规模定为 30~100 为宜。

10.2.6　与遗传算法的比较

遗传算法相对于免疫算法起步比较早，发展比较成熟，但有时候，免疫算法在求解多峰值优化问题上展现出显著的优势。免疫算法类似于遗传算法，采用群体搜索策略，在大体的算法步骤上是一样的，主要的区别在于对个体的评价上。遗传算法对个体的评价主要通过个体的适应度计算得到，包括个体的选择也是以适应度为指标。它更着重于问题的全局最优解。而免疫算法则通过计算亲和度得到，亲和度包括抗原与抗体的亲和度（亲和力），抗体与抗体之间的亲和度（排斥力）。所以在保持全局多样性及收敛速度方面，免疫算法更优于遗传算法，因此在求解多峰值函数优化问题上也更具优势。相比较于遗传算法，免疫算法更真实地反映了免疫系统的多样性，对个体的评价更全面，对个体的选择更合理。

免疫算法拥有遗传算法中没有的记忆细胞。它具有特殊的免疫记忆的特性，在每一次迭代之后，可以将有利于解决问题的特征信息存入记忆细胞中，以便下次遇到同样问题时能够利用先前的特征信息或成功经验，更快地找出问题的解决办法，提高解决问题的速度。

另外，免疫算法还克服了早熟的现象。用遗传算法求解问题时，当种群规模较小时，如果在进化初期出现适应度较高的个体，由于该个体的繁殖率过快，往往不利于种群多样性的产生，从而出现早熟收敛的情况。免疫算法引进了浓度机制，计算抗体浓度，通过对抗体的促进或抑制，调节抗体浓度，特别是对浓度过大的抗体的抑制作用，有效地预防了由于浓度过大而导致算法过早收敛到全局最优解，降低群体的多样性。

经过对比以上两种算法，不能片面地说哪个算法更好，哪个算法更优，要根据具体问题具体分析，甚至可以结合两种算法进行求解，扬长避短。有人提出来，要将免疫概念及其理论应用于遗传算法，在保留原算法优良特性的前提下，力图有选择、有目的地利用待求问题中的一些特征信息或知识来抑制其优化过程中出现的退化现象。

10.3　测试函数及空间模型

10.3.1　测试函数介绍（表 10.2）

表 10.2　测试函数介绍

函数指数	函数名称	函数范围
F1	普通测试函数	$[-2,2]$
F2	Extended Freudenstein & Roth Function	$[0.5,-2,0.5,2,\cdots,0.5,-2]$
F3	Extended Trigonometric Function	$[0.2,0.2,\cdots,0.2]$
F4	Sum of Different Power Function 9	$[-1,1]$
F5	Ackley's Path Function 10	$[-1,1]$
F6	Michalewicz's Function 12	$[0,\pi]$
F7	Braninns's rcos Function	$x_1=[-5,10],x_2=[0,15]$

函数指数	函数名称	函数范围
F8	Easom's Function	$[-100,100]$
F9	Goldstein-Price's Function	$[-2,2]$
F10	Six-hump Camel Back Function	$x_1 = [-3,3]$, $x_2 = [-2,2]$

10.3.2 测试函数的参数及空间模型

（1）F1

$$f(x,y) = x\cos(2\pi y) + y\sin(2\pi x), x = [-2,2], y = [-2,2]$$
(10.11)

函数最小值为 -3.7021，最大值为 3.7021。函数对应的空间模型见图 10.4。

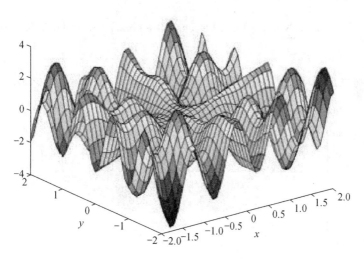

图 10.4 F1 函数模型

（2）Extended Freudenstein & Roth Function

$$f(x) = \sum_{i=1}^{n/2}(-13 + x_{2i-1} + ((5 - x_{2i})x_{2i} - 2)x_{2i})^2 +$$
$$(-29 + x_{2i-1} + ((x_{2i} + 1)x_{2i} - 14)x_{2i})^2,$$
$$x_0 = [0.5, -2, 0.5, 2, \cdots, 0.5, -2]$$
(10.12)

函数最小值为 0，最大值为 2 908 130。函数对应的空间模型见图 10.5。

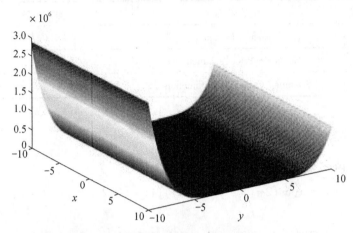

图 10.5 **Extended Freudenstein & Roth Function** 模型

（3）Extended Trigonometric Function

$$f(x) = \sum_{i=1}^{n} \left(\left(n - \sum_{j=1}^{n} \cos x_j \right) + i(1 - \cos x_i) - \sin x_i \right)^2, x_0 = [0.2, 0.2, \cdots, 0.2]$$

$$(10.13)$$

函数最小值为 -2，最大值为 50。函数对应的空间模型见图 10.6。

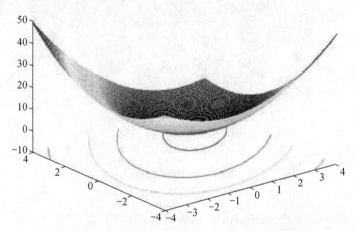

图 10.6 **Extended Trigonometric Function** 模型

（4）Sum of Different Power Function 9

$$f(x) = \sum_{i=1}^{n} |x_i|^{(i+1)}, x_i = [-1, 1] \qquad (10.14)$$

函数最小值为 0,最大值为 2。函数对应的空间模型见图 10.7。

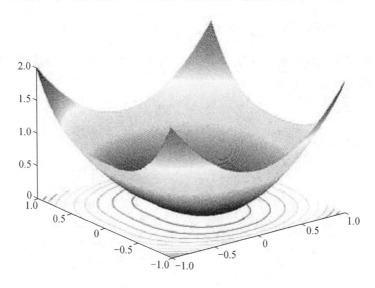

图 10.7 Sum of Different Power Function 9 模型

(5)Ackley's Path Function 10

$$f(x) = -ae^{-b\sqrt{\frac{\sum_{i=1}^{n}x_i^2}{n}}} - e^{\frac{\sum_{i=1}^{n}\cos(cx_i)}{n}} + a + e, x_1 = [-1,1] \quad (10.15)$$

式中,$a = 20$,$b = 0.2$,$c = 2\pi$。函数最小值为 0,最大值为 21.9456。函数对应的空间模型见图 10.8。

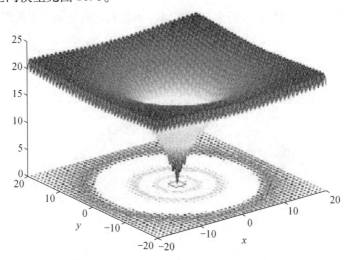

图 10.8 Ackley's Path Function 10 模型

（6）Michalewicz's Function 12

$$f(x) = -\sum_{i=1}^{n} \sin(x_i)\left(\sin\left(\frac{ix_i^2}{\pi}\right)\right)^{2m}, x_i = [0,\pi] \qquad (10.16)$$

式中：$m = 10$。函数最小值为 -1.8011，最大值为 1.9642。函数对应的空间模型见图 10.9。

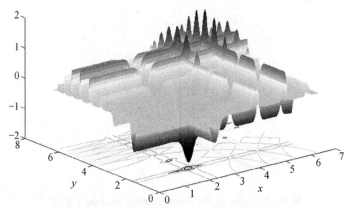

图 10.9 Michalewicz's Function 12 模型

（7）Braninns's rcos Function

$$f(x_1, x_2) = a(x_2 - bx_1^2 + cx_1 - d)^2 + e(1 - f)\cos(x_1) + e,$$
$$x_1 = [-5,5], x_2 = [0,15] \qquad (10.17)$$

式中：$a = 1$，$b = 5.1/(4\pi^2)$，$c = 5/\pi$，$d = 6$，$e = 10$，$f = 1/(8\pi)$。函数最小值为 0.4029，函数最大值为 308.1291。函数对应的空间模型见图 10.10。

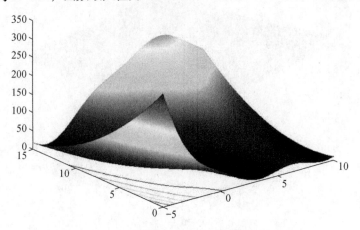

图 10.10 Braninns's rcos Function 模型

（8）Easom's Function

$$f(x_1,x_2) = -\cos(x_1)\cos(x_2)e^{-((x_1-\pi)^2+(x_2-\pi)^2)}, x_i = [-100,100], i = 1,2$$
（10.18）

函数最小值为 0.9416，最大值为 0.0087。函数对应的空间模型见图 10.11。

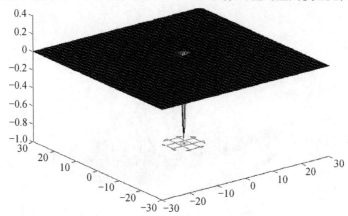

图 10.11　Easom's Function 模型

（9）Goldstein-Price's Function

$$f(x_1,x_2) = (1 + (x_1 + x_2 + 1)^2(19 - 14x_1 + 3x_1^2 - 14x_2 + 6x_1x_2 + 3x_2^2))$$
$$(30 + (2x_1 - 3x_2)^2(18 - 32x_1 + 12x_1^2 + 48x_2 - 36x_1x_2 27x_2^2)),$$
$$x_i = [-2,2]$$
（10.19）

函数最小值为 3，最大值为 1.0146e+06。函数对应的空间模型见图 10.12。

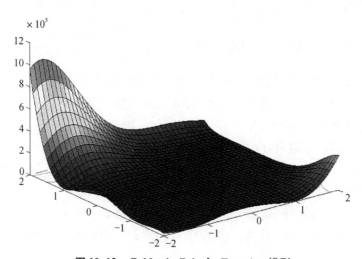

图 10.12　Goldstein-Price's Function 模型

（10）Six-hump Camel Back Function

$$f(x_1,x_2) = (4 - 2.1x_1^2 + x_1^{\frac{3}{4}})x_1^2 + x_1x_2 + (-4 + 4x_2^2)x_2^2,$$
$$x_1 = [-3,3], x_2 = [-2,2] \tag{10.20}$$

函数最小值 – 1.0298，最大值 6.4208e + 03。函数对应的空间模型见图 10.13。

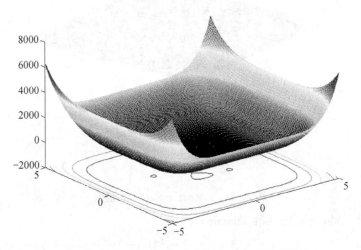

图 10.13　Six-hump Camel Back Function 模型

10.4　基于免疫算法的函数优化

10.4.1　利用免疫算法对函数测试

用上文所述测试函数进行测试，基于免疫算法对函数进行优化。假定免疫个体数目为 100 个，最大免疫代数（迭代次数）为 100 代，变异概率为 0.7，克隆个数为 10 个。

（1）函数 F1 结果（图 10.14）

由图 10.14 可知，在迭代到第 15 代左右时，适应度值开始稳定，算法收敛速度较快。

（2）Extended Freudenstein & Roth Function 结果（图 10.15）

由图 10.15 可知，在迭代到第 15 代左右时，适应度值开始稳定，算法收敛速度较快。

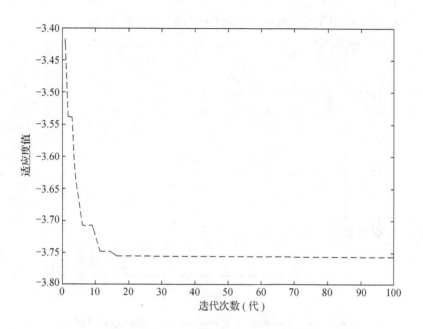

图 10.14 函数 F1 收敛曲线

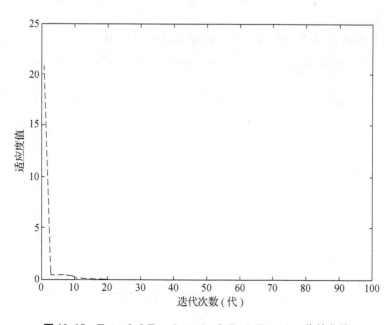

图 10.15 Extended Freudenstein & Roth Function 收敛曲线

（3）Extended Trigonometric Function 结果（图 10.16）

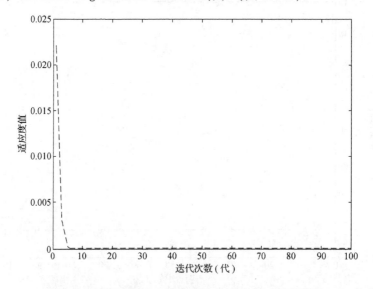

图 10.16　Extended Trigonometric Function 收敛曲线

由图 10.16 可知，在迭代到第 6 代左右时，适应度值开始稳定，算法收敛速度较快。

（4）Sum of Different Power Function 9 结果（图 10.17）

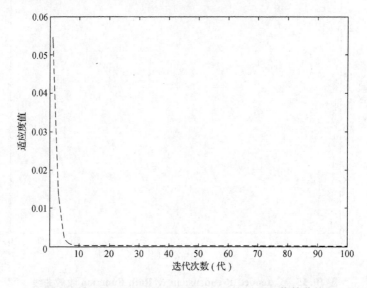

图 10.17　Sum of Different Power Function 9 收敛曲线

由图 10.17 可知，在迭代到第 10 代左右时，适应度值开始稳定，算法收敛速度较快。

（5）Ackley's Path Function 10 结果（图 10.18）

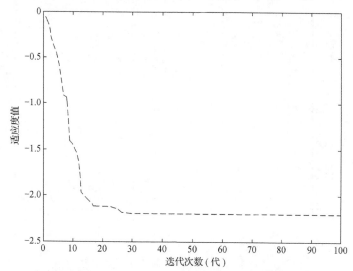

图 10.18　Ackley's Path Function 10 收敛曲线

由图 10.18 可知，在迭代到第 30 代左右时，适应度值开始稳定，算法收敛速度相对前面函数较慢。

（6）Michalewicz's Function 12 结果（图 10.19）

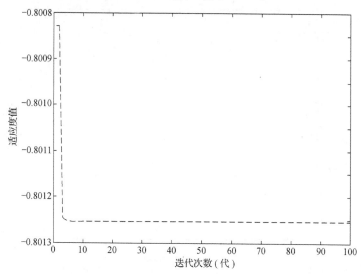

图 10.19　Michalewicz's Function 12 收敛曲线

由图 10.19 可知，在迭代到第 5 代左右时，适应度值开始稳定，算法收敛速度较快。

（7）Braninns's Rcos Function 结果（图 10.20）

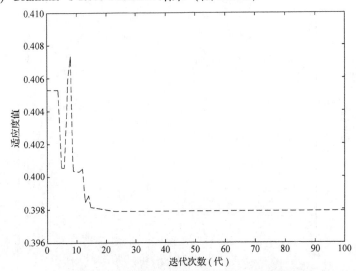

图 10.20　Braninns's Rcos Function 收敛曲线

由图 10.20 可知，在迭代到第 20 代左右时，适应度值开始稳定，算法收敛速度相对一般。

（8）Easom's Function 结果（图 10.21）

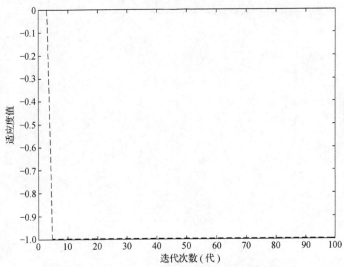

图 10.21　Easom's Function 收敛曲线

由图 10.21 可知，在迭代到第 5 代左右时，适应度值开始稳定，算法收敛速度较快。

（9）Goldstein-Price's Function 结果（图 10.22）

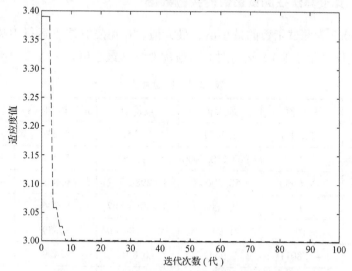

图 10.22　Goldstein-Price's Function 收敛曲线

由图 10.22 可知，在迭代到第 9 代左右时，适应度值开始稳定，算法收敛速度较快。

（10）Six-hump Camel Back Function 结果（图 10.23）

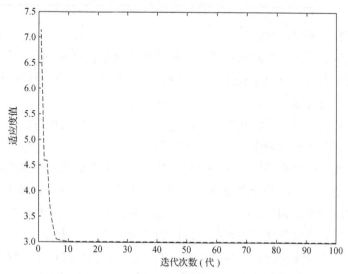

图 10.23　Six-hump Camel Back Function 收敛曲线

由图 10.23 可知,在迭代到第 10 代左右时,适应度值开始稳定,算法收敛速度相对较快。

10.4.2 免疫算法在测试函数的实验数据

表 10.3 为测试函数的最小值、最大值、在免疫算法下运行 100 次后得到的最优值(最小值)、运行时间、最优变量(最小值)。

表 10.3 实验数据

函数指数	最小值	最大值	最优值	运行时间(s)	最优变量
F1	-3.7021	3.7021	-3.7563	5.237	-2.0000
F2	0	2 908 130.0000	-19.7506	5.422	-9.9998
F3	-2.0000	50.0000	3.4298e-12	6.835	-99.3316
F4	0	2.0000	6.4805e-07	8.306	-0.9981
F5	0	21.9456	-2.2018e+04	8.339	-1.0000
F6	-1.8011	1.9642	-0.8013	7.409	0.0085
F7	0.4029	308.1291	0.3979	5.173	-4.4894
F8	0.9416	0.0087	-1.0000	5.148	-99.3737
F9	3.000	1.0146e+06	3.0000	5.217	-1.9794
F10	-1.0298	6.4208e+03	-1.0316	5.481	-2.9876

从实验结果可以知道:

免疫算法的运行时间相对平均,但最优值及最优变量的浮动相对较大,但是免疫算法的收敛速度较快,会出现早熟收敛的问题。而且免疫算法更多追求的是全局搜索方式,而不过多重视局部搜索。

总体来说,免疫算法在实际应用时存在着诸如稳定性相对较差、会产生许多数据冗余及局部搜索能力不强等问题。

稳定性:一般来说,算法的稳定性是指当这个算法的外界抑或是内部条件产生变动时,算法受此变动的影响较小。在免疫算法中,假如种群中存在许多相似度较高或相同的抗体,会导致这一类抗体的浓度相对较高,那么就有可能会导致免疫算法只在可行解区间的部分区域进行寻优搜索,这样会对免疫算法的全局优化能力产生很大的影响,并导致算法的稳定性较差。

数据冗余:免疫算法因为它随机产生初始种群,这可能会出现初始抗体性能会相差较大，同时，抗体也会在可行解的空间区域不均匀分布，一些相似度较高乃至相同的抗体会大量分布在整个种群中，从而导致免疫算法有许多的数据冗余，这会导致算法的执行效率降低。

在实际应用过程中，免疫算法具备如下优点：

①可以维持抗体的多样性。通过对抗体采取变异等操作产生新的抗体，维持了抗体的多样性。

②免疫算法具有记忆机制。

③免疫算法具有克隆机制。

④免疫算法具有突变机制。在免疫算法的实际应用中，细胞克隆和抗体突变的协作体现了领域搜索及并行搜索特性。

⑤免疫算法具有收敛性。免疫算法的收敛性对初始群体的分布不具备依赖性。

在实际应用过程中，免疫算法具备如下不足及缺点：

①当我们使用免疫算法求解时，当求解到一定的地步时，往往会出现效率不高的现象，这会导致免疫算法在求解后期的收敛速度较慢。

②免疫算法在实际搜索过程中可能会出现早熟收敛的现象。

③免疫算法会有许多的数据冗余，这会导致算法的执行效率降低。

④免疫算法缺少交叉操作。

10.5 免疫算法在 TSP 问题中的应用

TSP 问题就是旅行商问题，即一个商人从某一城市出发，要遍历所有目标城市，其中每个城市必须而且只需访问一次。所要研究的问题是在左右可能的路径中寻找一条路程最短的路线。

10.5.1 物流配送中心选址概述

21 世纪科技发展日新月异，学科之间的融合成为专家学者的研究新方向，各学科之间相互渗透、相互影响、相互作用，成为 21 世纪科技发展的新特征。其中，由计算机科学与生命科学相互结合而产生的新型智能算法——免疫算法，就是其中的代表之一。

近年来，随着我国经济的快速发展及逐渐走向全球化，物流已成为支撑经济发展的重要产业之一。现如今，各大城市都建设有自己的物流配送网络，这对于城市的招商引资、资源的优化配置、经济产业的运行效率都有着促进作用。物流配送中心作为物流业重要的环节，其选址问题吸引着专家学者的研究。由于物流配送中心地址一旦选定并进行建设，其位置就固定了，所以在地址的选定上尤为重要。相比较于传统的选址方法，免疫算法以其收敛速度快、鲁棒性强等特点，得到专家学者的青睐。

物流配送中心是物流网络的基础节点，是物流能够正常运作的前提，同时，配送中心面向客户，其工作效率不仅直接影响企业的业绩，而且还影响客户的评价。物流配送中心选址的重要性：由于物流配送中心的投资规模大，占用大量的城市面积，而且其一旦建成，其地理位置相对固定，对企业今后的运营情况会产生长远的影响。因此，物流配送中心的选址必须进行科学的论证。失败的选址对于企业来说是致命的，不仅会导致商品运输处于无秩序、低效率的状态，还可能提高运输成本，如果不能满足客户的需求，还会影响企业的利润。因此，科学的物流配送中心选址是很有必要的。

物流配送中心选址问题，要考虑的因素很多，一般主要考虑以下几个方面：

①运营成本。缩减成本一直是企业追求利润的主要方法之一，在创造相同价值的情况下，成本的缩减成为企业间竞争力的决定性因素。

②运输效率。降低运输成本主要的途径之一就是提高运输效率，协调好各部门的工作能有效解决这一问题。

③服务质量。客户的好评是企业无形的资产，提供优质的服务是一个有远见的企业必须做的事情。

为了方便建立数学模型，物流配送中心选址问题应该满足以下条件：

①配送中心的库存量能满足其所覆盖服务区域客户的需求量。

②一个客户仅由一个配送中心服务，不得跨区域送货。

③已知各客户的需求量。

④费用由配送中心到客户的运输费用决定，不考虑工厂到配送中心的运输费用。

免疫算法是模仿生物免疫机制，结合基因的进化机制，人工构造出的一种新型智能搜索算法。免疫算法具有一般免疫系统的特征，免疫算法采用群体搜索策略，一般遵循几个步骤：产生初始化种群→适应度的计算评价→种群间个体的选择、交叉、变异→产生新种群。通过这样的迭代计算，最终以较大的概率得到问题的最优解。相比较于其他算法，免疫算法利用自身产生多样性和维持机制，保证了种群的多样性，克服了一般寻优过程中，特别是多峰值的寻优过程中不可避免的"早熟"问题，求得全局最优解。大量研究表明，免疫算法能以较少的迭代次数快速收敛到全局最优。因此，免疫算法在物流配送中心选址问题中具有一定的应用价值和参考价值。

10.5.2　数学模型的建立

基于以上设计思路，可建立以下数学模型：问题的目标函数为各配送中心与其所服务客户的需求量和距离的乘积 F 达到最小，即：

$$\min F = \sum_{i \in N} \sum_{j \in M_i} w_i d_{ij} z_{ij} \tag{10.21}$$

约束条件为：

$$\sum_{j \in M_i} z_{ij} = 1 , i \in N \tag{10.22}$$

$$z_{ij} \leqslant h_j , i \in N , j \in M_i \tag{10.23}$$

$$\sum_{j \in M_i} h_j = p \tag{10.24}$$

$$z_{ij} , h_j \in \{0,1\} , i \in N , j \in M_i \tag{10.25}$$

$$d_{ij} \leqslant s \tag{10.26}$$

式中：$i \in N$ 是所有需求点的序列集合。w_i 表示需求点 i 的需求量。d_{ij} 表示需求点 i 离它最近的配送中心 j 的距离。z_{ij} 取 0 或 1，表示需求点与配送中心的配送关系，如果 $z_{ij} = 1$ 表示需求点 i 由配送中心 j 供应，否则 $z_{ij} = 0$；h_j 取 0 或 1，当 $h_j = 1$ 时，表示 j 被选为配送中心，否则为 0。s 表示配送中心所能够服务到的最大距离。M_i 表示被需求点 i 小于最大距离 s 的配送中心的集合。p 表示配送中心的数目。

各约束条件的含义为：

公式（10.22）表示一个需求点只能由一个配送中心进行配送。

公式（10.23）保证各需求点只能由配送中心配送，也就是说，只有配送中心才能有配送的权利，没有配送中心的地方不会有需求点。

公式（10.24）确定了配送中心的个数。

公式（10.25）表示取 0 或 1 的变量。

公式（10.26）保证了配送中心的配送距离不会超过配送所能达到的距离上限。

10.5.3 物流配送中心选址算法步骤

Step1：识别抗原，将种群信息定义成一个结构体，包括个体适应度、个体浓度、个体繁殖概率。

Step2：产生初始抗体群，记录下每个个体的最优适应度和平均适应度。

Step3：抗体的多样性评价，需要的操作有抗原与抗体亲和度（适应度）的计算、抗体浓度的计算。对亲和度和抗体浓度的综合分析，可求得个体的繁殖概率。

Step4：根据个体繁殖概率，可以知道个体的优劣情况，并更新父代种群和记忆库。

这里采用精英选择策略，将适应度值较高的前 s 个个体保存起来，避免因浓度过高而被淘汰。

Step5：经过选择、交叉、变异操作，提取记忆库中的抗体，形成新种群。

下面根据以上思路，在 MATLAB 上进行仿真实验，验证其正确性。

10.5.4 实验验证与分析

为证明算法的可行性，将国内 31 个城市作为研究对象，从 31 个城市中选择 6 个城市作为配送中心。城市编号、坐标、各需求点的需求量如表 10.4 所示。

表 10.4 城市编号、坐标、各需求点的需求量

编号	坐标	需求量	编号	坐标	需求量	编号	坐标	需求量
1	(1304,2312)	20	9	(4312,790)	90	17	(3918,2179)	90
2	(3639,1315)	90	10	(4386,570)	70	18	(4061,2370)	70
3	(4177,2244)	90	11	(3007,1970)	60	19	(3780,2212)	100
4	(3712,1399)	60	12	(2562,1756)	40	20	(3676,2578)	50
5	(3488,1535)	70	13	(2788,1491)	40	21	(4029,2838)	50
6	(3326,1556)	70	14	(2381,1676)	40	22	(4263,2931)	50
7	(3238,1229)	40	15	(1332,695)	20	23	(3429,1908)	80
8	(4196,1044)	90	16	(3715,1678)	80	24	(3507,2376)	70

编号	坐标	需求量	编号	坐标	需求量	编号	坐标	需求量
25	(3394,2643)	80	28	(3140,3550)	60	31	(2370,2975)	30
26	(3439,3201)	40	29	(2545,2357)	70			
27	(2935,3240)	40	30	(2778,2826)	50			

　　根据配送中心的选址模型，利用免疫算法对问题进行求解。其中的主要参数为：

　　种群规模为 50 个，记忆库容量为 10 个，迭代次数为 100 代，交叉概率为 0.5，变异概率为 0.4，多样性评价参数为 0.95，初始化种群的规模为种群规模和记忆库容量之和。

　　经过仿真实验，得到免疫算法的收敛曲线见图 10.24。

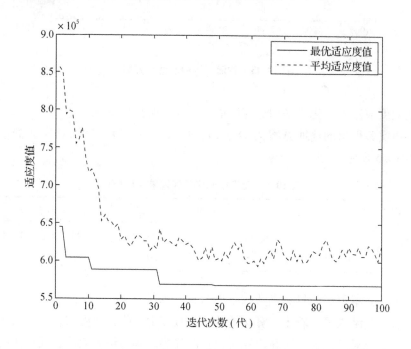

图 10.24　免疫算法的收敛曲线

物流配送中心选址方案见图 10.25。

从实验结果可以看出，在迭代 50 代左右时，算法达到收敛效果，即最

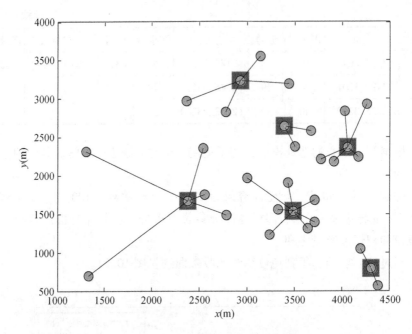

图 10.25　物流配送中心选址方案

优适应度值发生变化，平均适应度值不再发生明显的变化。

由实验得出的选址方案为 18、25、9、27、5、14，分别对应的需求点如表 10.5 所示。

表 10.5　配送中心序号和需求点序号

配送中心序号	18	25	9	27	5	14
需求点序号	3、21、22、19	20、24、29、17	8、10	26、28、30、31	2、23、4、6、7	1、11、12、13、15、16、

由该方案得到的目标函数的结果为 5.68×10^5。

从实验结果可以看出，算法的迭代次数较少、收敛速度快，能在较短时间内得出全局最优解，彰显出算法独特的优势。实验结果表明，通过免疫算法求解物流配送中心选址问题，获得了较好的实验结果。

第五部分　遗传算法

第十一章　改进的遗传算法

11.1　研究背景和国内外研究现状

在当今的科学研究中，众多的学科不再有严格的界限。各个学科之间都有很多内在的联系。小到借鉴生物的外形，大到借鉴其核心思想，它们都不再是完全独立的学科。工程学与生物学的互相借鉴，更是其中典型的例子。遗传算法正是其中的优秀代表，也反映了科学技术未来的发展趋势。

在很多问题中，有很多操作都需要在大空间中寻优。所以，如果能通过一些知识或方法来尽可能缩小范围，那么不管是计算速度还是搜寻时间都将大为缩短，能够研究出一种算法，对于解决这些问题会有很大的提高。因此，现在很多专家学者都在大力研究遗传算法。

最优化问题一直渗透在我们生活的方方面面。小到买东西怎样花费更少，买到的东西更多；大到国家生产规划中，如何能够通过最少的生产资料获得最多的生产效益。因此，不管是我们自身，还是在国家这个极大的范围都离不开最优化。最优化问题的解决是我们必须正视的问题。但是通过传统算法并不能够完全解决这一类问题，经常会出现一些难以解决的问题。我们在本章中将遗传算法引入最优化问题中，通过这种优秀的寻优算法来解决最优化的问题。在本章中我们先对遗传算法的性能做一个测试，发现其不足之后，面向其中的一个缺点进行改进，并通过一个多元高次函数验证改进后的算法。

遗传算法在二十世纪五六十年代由美国密歇根大学的 Holland 教授提出，并且说明了算法原理和使用方法，之后 de Jong 等人进行了深入的研究，初步形成了一类模拟生物进化的进化算法。在 20 世纪 90 年代遗传算法迎来了黄金时期，不管是理论方向还是实际应用方向发展都十分迅速。发展到今天，新的理论和方法依然不时被大家提出，遗传算法依然在努力地适应整个学科的发展。

1991 年，D. Whitey 在他的论文中提出了基于领域交叉的交叉算子（Adjacency based Crossover），这个算子是特别针对用序号表示基因的个体的交叉，并将其应用到了 TSP 问题中，通过实验对其进行了验证。1992 年，英国格拉斯哥大学的李耘指导博士生将基于二进制基因的遗传算法扩展到七进制、十进制、整数、浮点等的基因，以便将遗传算法更有效地应用于模糊参量、系统结构等的直接优化。

国内也有不少的专家学者对遗传算法的交叉算子进行改进。2002 年，戴晓明等人应用多种群遗传并行进化的思想，对不同种群基于不同的遗传策略（如变异概率）、不同的变异算子等来搜索变量空间，并利用种群间迁移算子来进行遗传信息交流，以解决经典遗传算法收敛到局部最优值问题。2004 年，赵宏立等人针对简单遗传算法在较大规模组合优化问题上搜索效率不高的现象，提出了一种用基因块编码的并行遗传算法（Building-block Coded Parallel GA，BCPGA）。2005 年，江雷等人针对并行遗传算法求解 TSP 问题，探讨了使用弹性策略来维持群体的多样性，使得算法跨过局部收敛的障碍，向全局最优解方向进化。

遗传算法在算法过程通过选择、交叉、变异等一些遗传学的操作，以"优胜劣汰"为法则及个体染色体的互相交叉的特点来解决实际问题。梯度信息不能够完全决定遗传算法进行，因为遗传算法是对自然选择的衍生，根据所设计的求解函数对所求问题进行全局的自主适应的概率搜索操作来搜索最优解，跟优化规则、问题特性没有关系。所以遗传算法可以解决其他传统优化算法不能解决的难题。

传统算法是利用一些确定性的规则，再辅助其他的信息，从单个点切入的直接作用在参变量集上的一种算法。但遗传算法相较于传统算法有了很大的进步。它利用一些非确定性的规则及适应值信息，从群体中的每一个点开始搜索的利用参变量集的一种编码。所以遗传算法可以解决其他传统优化算法不能解决的难题。

遗传算法自提出之日起就引起了各个学科的广泛关注，各个学科都希望这种算法能为自己的研究提供帮助。遗传算法并没有让大家失望，不管是应用的宽度还是深度都在逐渐变得更好。而且因为其强大的包容性，能够与不同的算法相结合，以便解决更加复杂的问题，使得它成为现在最主要的一种算法。下面简述几个遗传算法的应用：

①数值优化中的应用。遗传算法自提出之初就在最优化问题中发挥着重

要的作用。相比于一些常规算法，在一些领域中遗传算法要方便与精确很多。尤其是在离散变量、多峰多态函数等问题中，它收敛速度快、计算效率高，而且解的质量也很高。

②组合优化中的应用。组合优化问题一直是遗传算法基础的应用问题，而且也是很重要的一个应用领域，如求解八皇后问题、作业调度问题、背包问题等一些经典问题，都有较好的效果；

③机器学习中的应用。机器学习系统其实就是通过对人的学习机制进行一种类比，并且进行模仿而产生的一种系统，是相对理想化的一种学习模型，如监督型学习系统、条件类比式学习系统、反射学习系统等。近年来，通过发展产生的一种新的机器学习方法就是进化机制遗传学习。过程就是先通过遗传基因型的形式，再把专业领域的知识通过模仿生物进化过程来实现。

④人工生命中的应用。人工生命就是利用遗传算法进化模型的理论，再通过遗传编程、遗传算法及进化计算等工具来仿造出自然生命。遗传算法的理论基础本身就是基于生物进化过程的，因此其内在机制非常适用于描述人工生命系统。

11.2 遗传算法概述

11.2.1 遗传算法的基本思想

遗传算法可以模拟出一个完整的遗传过程。通过对所需研究的问题进行编码，产生需要的解的空间。在这个空间里，随机地产生一组初始值（即种群），然后依据适应度值的大小对这些值进行挑选。而在挑选的过程中，适应性强的个体被选上的概率相对较大，就把这些个体遗传进入子代。然后对当前进入子代的种群进行选择、交叉与变异，或者其他的一些操作，便能够得出全新的一代种群，同时获得新染色体。这样的一个完整过程既保证了种群的完整性，又让它在原有的基础上有了更多的可能。

因为群体中适应性强的个体对下一代的影响更多，这就让父系中所拥有的优秀基因可以更加容易地传递给下一代，并一直通过上述过程进化，直到最终的结果趋近于一个值或一个误差较小的范围。最终的这个值或结果就是我们所需要的最佳结果。

11. 2. 2　遗传算法的基本概念

遗传算法所应用的生物学上的概念如下。

①串（String）：二进制串表示的个体，与染色体相对应；

②种群（Population）：种群中所有串的个数，串是群体的一个元素；

③种群大小（Population Size）：总个体数量；

④基因（Gene）：基因表示串里的元素，表示个体特征；

⑤基因位置（Gene Position）：基因的位置在串中；

⑥基因特征值（Gene Feature）：当串为整数的时候，特征值与二进制的权相等；

⑦串结构空间（String Structure Space）：所有串在基因任意组合后，跟基因型集合相对应；

⑧参数空间（Parameter Space）：用于表示串在物理结构中的映射，跟表现型集合相互对应；

⑨适应度（Fitness）：环境的适应程度在个体上的表现。

11. 2. 3　遗传算法的构成要素

①染色体编码方法：群体中的个体由固定长度的二进制符号串来表示。

②个体适应度评价：当前群体中个体遗传到下一代群体中的机会越大，则个体适应度就越高，反之则低；

③遗传算子：在算法中，各个算子对应各个操作。

④基本遗传算法的运行参数：个体的数量为 20 ~ 100 个；迭代次数为 100 ~ 500 代；交叉概率为 0. 4 ~ 0. 99；变异概率为 0. 0001 ~ 0. 1。

11. 2. 4　遗传算法的优点

①可以自我学习、自我适应。从过程当中筛选有用的信息，以此来获得适合的解，同时还有自适应化的搜寻功能。在应用到实际问题中时，简单来说就是利用所取得的信息在进化的过程中进行自适应搜索。因此，遗传算法在运行过程中，只需运行以目的函数的值而转变得到的适应度值来搜寻即可。算法本身的机制就省去了很多繁杂的过程，使得运算过程简单明了。

②并行的求解过程。遗传算法在求解过程中，每一次的计算都是很多点同步进行的，并且将这些点产生的子代的可行解进行并行比对。因此，就会

尽可能地使我们需求的目标函数避免陷入局部最优的情况，从而保障了函数的收敛速率。

③搜索能力强。遗传算法在计算过程中都是多个点同时进行的，在搜索过程中也是以种群为单位的，而不是单个点。这种搜索方式能大大减小进入局部极值的概率，拥有了范围更广、更加强力的搜索功能。

④算法的突出性及优异性。遗传算法在解决问题时是以设定好的编码为目标来进行一系列的操作。因此，不光是可以针对数值问题，对一些不含数值的代码概念也拥有很高的可行性。因此，算法用途范围很广泛。

⑤算法的兼容性，也可以说是可以进行二次开发。遗传算法可与其他算法相结合，由此获得一种兼顾两种算法优点的新算法，为以后解决更加复杂多变的问题提供了保障。

11.3 遗传算法理论基础

11.3.1 编码方法

编码是遗传过程中一个非常重要的环节，而且也是算法过程中的一个难点，编成的码的好坏会直接影响算法整体的好坏。现在遗传算法中主要有3种编码方法，即浮点数编码法、符号编码法及二进制编码法。其中，二进制编码法在遗传算法中用得最多。本研究运用的就是二进制编码法。下面对二进制编码法的过程做一个简单的介绍。

①编码：设参数取值范围 $[N_{\min}, N_{\max}]$，该参数用长度为 L 的二进制编码符号串来表示，产生的编码有 $2L$ 种，关系如下：

$00000000\cdots00000000 = 0 \longrightarrow N_{\min}$；

$00000000\cdots00000001 = 1 \longrightarrow N_{\min} + \delta$；

$00000000\cdots00000010 = 2 \longrightarrow N_{\min} + 2\delta$；

$\qquad \cdots$

$11111111\cdots11111111 = 2L - 1 \longrightarrow N_{\min}$。

其中，二进制编码的编码精确度用 δ 表示，其公式为：

$$\delta = \frac{N_{\max} - N_{\min}}{2^\lambda - 1} \qquad (11.1)$$

②解码：设某个体的编码是 $x = b_\lambda b_{\lambda-1} b_{\lambda-2} \cdots b_2 b_1$，则对应的解码公

式为：

$$x = N_{\min} + \left(\sum_{i=1}^{\lambda} b_i 2^{i-1} \right) \frac{N_{\max} - N_{\min}}{2^{\lambda} - 1} \tag{11.2}$$

③计算个体适应度值：目标函数值是我们所要求的函数最大值时，并且恒为正值时，令个体适应度 $F(x)$ 与目标函数值 $f(x)$ 相等，即 $F(x) = f(x)$；当求目标函数最小值优化问题时，在理论上，我们只需对这个值加负号，就可将其转化为所求目标函数最大值的优化问题，即 $\min f(x) = \max(-f(x))$。

④选择算子或复制算子的作用：从当代群体中选出一些性能较为优良的个体，并将它们复制到子代群体中。轮盘选择决定了执行的比例。基本原则是：个体的相对适应度决定个体被选概率：

$$P_i = \frac{f_i}{\sum_{i=1}^{m} f_i} \tag{11.3}$$

式中：P_i 是个体被选中的概率，f_i 是个体的适应度，$\sum_{i=1}^{m} f_i$ 是群体的累加适应度。

⑤轮盘赌法是产生新个体的主要方法，它的特点是选几个个体就要运行几次。轮盘选择过程如下。

Step1：相应的累计值 S_i 通过顺序累计群体内个体的适应度得到，直到累计完成得到 S_n；

Step2：均匀分布的随机数 r 在 $[0, S_n]$ 内产生；

Step3：把 S_i 与 r 依次比较，当 S_i 大于或等于 r 时，就可被复制；

Step4：多次重复 Step3 和 Step4 操作，直到新种群数目等于上一代种群数目。

11.3.2 适应度函数

"适应度"是生物学中用于衡量生物对周围环境适应能力强弱而提出的。适应度强的就有更大的机会将自身的基因遗传给下一代，适应度弱的最终只能被淘汰。遗传算法就借用了这个概念，通过定义一个适应度函数，以函数值的大小来说明适应度的高低。之后通过人为地模仿自然界中优胜劣汰的过程来得到最终想要的结果。遗传算法就是通过对适应度函数进行计算，从而获得目标函数值。适应度的获取可以通过以下 3 个方面：

①对个体染色体解码，得到这个染色体的表现型，进而规定所需的适应度；

②求得具体目标函数值所需要的适应度；

③根据具体的实际情况，求出个体的适应度。

主要有两种方案进行优化分析：最大值和最小值。同时，存在一个必须的条件，即适应度必须是非负值。

定义：$f(x)$ 为个体的目标函数值，$F(x)$ 为通过个体的适应度函数值变换得到的目标函数值。目标函数最大值在优化问题中的变换公式为：

$$F(x) = \begin{cases} f(x) + C_{min}, & f(x) + C_{min} > 0 \\ 0, & f(x) + C_{min} \leq 0 \end{cases} \tag{11.4}$$

式中：C_{min} 为一个适当小的数。这个数可以是事先规定的，也可以是通过计算得到的当前或近几代种群中最小目标函数值的绝对值。

目标函数最小值在优化问题中的变换公式为：

$$F(x) \begin{cases} C_{max} - f(x), & f(x) - C_{max} < 0 \\ 0, & f(x) - C_{max} \geq 0 \end{cases} \tag{11.5}$$

式中：C_{max} 为一个适当大的数。同样，这个数可以是事先规定的，也可以是通过计算得到的当前或近几代种群中的最大目标函数值。

11.3.3　运行参数

在遗传算法中，有一些运行参数尤为重要，参数设置见表 11.1。

表 11.1　遗传算法的运行参数

参数	参数设置
编码串长度	长度跟问题中的有效变量个数一致
种群规模	种群中所含个体的数量，即种群大小，取值范围：20~100
遗传代数	进化次数，遗传算法寻找最优解需要终止进化时进化的代数，取值范围：100~500
交叉概率	0.3~0.8
变异概率	0.001~0.1

遗传参数是十分重要的，但是对于参数设置并没有公认的设置方法。一般都是根据多次计算找到一个与实际结果相近的值，设置为遗传参数。

11.3.4 遗传算法步骤

首先面对目标函数产生初始化种群，通过计算适应度来保留优良的子代。然后进行进一步的繁殖，得到新的种群，再多次利用遗传学中的一些操作，并且多次循环后，产生更多、更符合我们要求的个体。最后根据条件，输出最优的结果。遗传算法的基本流程如下。

Step1：初始化种群。初始化算法的相关参数，设迭代计数器 $t = 0$，最大迭代次数 T，生成随机的初始化种群 $P(0)$。

Step2：个体评估。适应度值的计算。

Step3：选择操作。选择操作是利用选择算子对种群中的个体进行处理，然后利用算法的自我搜寻机制来通过一些手段找到满足要求的个体，遗传到下一代进行新一轮的操作。这种方法可以保障基因完整，计算速率也在这时得到了提高，从而提高了准确率。

Step4：交叉操作。交叉操作就是模仿生物进化过程中为了产生新的物种而进行的染色体交叉。在很多实际问题中所需结果并不是初代产生的个体，我们需要利用交叉手段产生一些新的个体来找到问题的最优解。因此，交叉操作是遗传算法寻优中非常重要的一种手段。

Step5：变异操作。变异是生物在进化与遗传过程中，由于一些小概率情况或事件而产生了新的染色体。变异操作就是用其他基因团来替代原来的基因团，通过产生新的基因进而产生新的生物。这样做的好处是经过多次迭代之后，种群依然保持有相对较好的多样性，而且还可以有效地防止早熟。

Step6：判断是否满足结束条件。若 $t \leq T$，则 $t = t + 1$，转到 Step2 继续执行；如果 $t > T$，应将适应度最大的个体作为结果输出，算法结束。

遗传算法流程见图 11.1。

理论上讲，每一次的进化都会使结果更加精确，所以次数越多越好，但是为了简化运算过程，我们在实际使用时往往需要在执行效率与结果精确度之间找到一个平衡点。

一般有 3 种方法：

①研定迭代次数；

②控制偏差法，当目标函数存在目标最优值时，我们通常采用这种方法；

③检查适应度的变化。

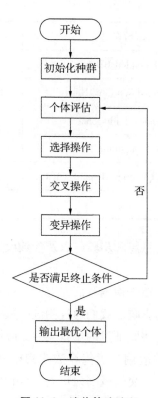

图 11. 1　遗传算法流程

11. 4　仿真实验分析

11. 4. 1　测试函数介绍（表 11. 2）

表 11. 2　测试函数介绍

函数指数	函数名称	函数范围
F1	White & Holst	$[-1.2,1,\cdots,-1.2,1]$
F2	PSC 1	$[3,0.1,\cdots,3,0.1]$
F3	Full Hessian FH 1	$[1,2,\cdots,n]$
F4	Full Hessian FH 2	$[0.5,0.5,\cdots,0.5]$

函数指数	函数名称	函数范围
F5	Extended BD 1	$[1,1,\cdots,1]$
F6	Extended White & Holst	$[1,1,\cdots,1]$
F7	Extended Tridiagonal 1	$[1/n,1/n,\cdots,1/n]$
F8	Perturbed Quadratic Diagonal	$[1/1,1/2,\cdots,1/n]$
F9	Extended Quadratic Penalty QP 1	$[1,1,\cdots,1]$
F10	Hager	$[1,1,\cdots,1]$

我们通过遗传算法的思想和步骤，以及参数设置对上述测试函数进行编程，并求得最终的结果。

测试函数的作用重点在于检测我们在上文中设置的参数，对于最终寻优结果及函数在迭代方面的影响。我们通过测试函数测试出函数的优异性能及参数的可行性，最终将这些验证过的步骤与参数应用到实例当中，来说明遗传算法在最优化问题中的应用。遗传算法的初始参数设置为：种群数目为50 个，迭代次数为 200 代，交叉概率为 0.7，变异概率为 0.01。

11.4.2　测试函数的参数及空间模型

为了验证遗传算法的性能，采用 10 种在优化领域应用十分广泛的测试函数。根据测试函数的复杂程度设定了遗传算法的最大迭代次数，并且通过多次实验来降低算法的随机性。

（1）White & Holst

$$f(x) = \sum_{i=1}^{n-1} c(x_{i+1} - x_i^3)^2 + (1 - x_i)^2, x_0 = [-1.2,1,\cdots,-1.2,1]$$

(11.6)

由图 11.2 可知，函数的最小值为：1，1。一共对此目标函数迭代了200 代，函数在迭代至第 20 代左右时开始收敛，最佳的目标函数值约为8.0592（图 11.3）。

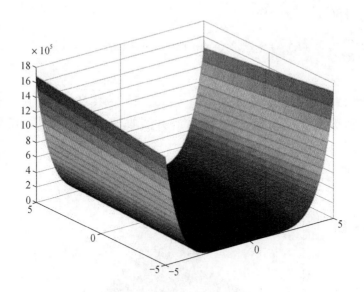

图 11. 2　White & Holst 模型

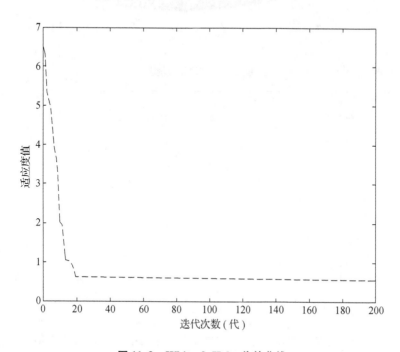

图 11. 3　White & Holst 收敛曲线

（2）PSC 1

$$f(x) = \sum_{i=1}^{n-1} c(x_i^2 + x_{i+1}^2 + x_i x_{i+1})^2 + \sin^2(x_i) + \cos^2(x_i), x_0 = [3, 0.1, \cdots, 3, 0.1]$$

$$(11.7)$$

由图 11.4 可知，函数的最小值为：0，0。一共对此目标函数迭代了 200 代，函数在迭代至第 10 代左右时开始收敛，最佳的目标函数值为 3.0000（图 11.5）。

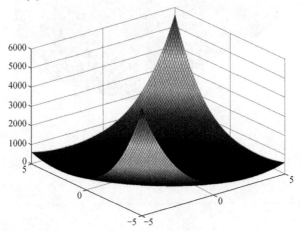

图 11.4　PSC 1 模型

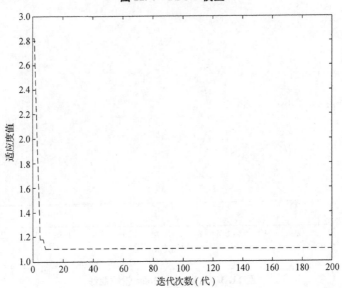

图 11.5　PSC 1 收敛曲线

（3）Full Hessian FH 1

$$f(x) = (x_1 - 3)^2 + \sum_{i=2}^{n} (x_i - 3 - 2(x_1 + x_2 + \cdots + x_i - 1)^2)^2,$$
$$x_0 = [0.01, 0.01, \cdots, 0.01] \tag{11.8}$$

由图11.6可知，函数的最小值为：3，-3。一共对此目标函数迭代了200代，函数在迭代至第160代左右时开始收敛，最佳的目标函数值为2.6978e-06（图11.7）。

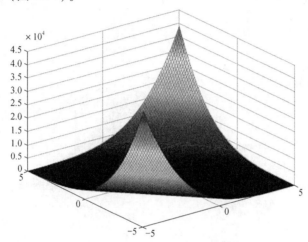

图 11.6　Full Hessian FH 1 模型

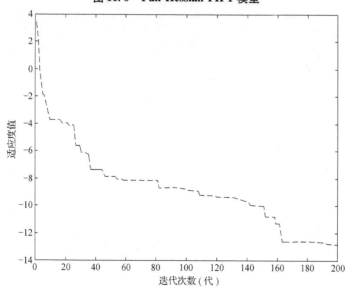

图 11.7　Full Hessian FH 1 收敛曲线

（4）Full Hessian FH 2

$$f(x) = (x_1 - 5)^2 + \sum_{i=2}^{n} (x_1 + x_2 + \cdots + x_i - 1)^2,$$

$$x_0 = [0.01, 0.01, \cdots, 0.01] \tag{11.9}$$

由图 11.8 可知，函数的最小值为：3，-2。一共对此目标函数迭代了 200 代，函数在迭代至第 120 代左右时开始收敛，最佳的目标函数值为 0.0013（图 11.9）。

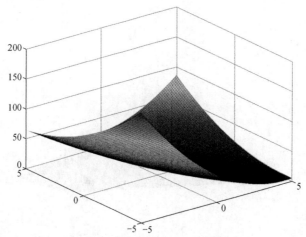

图 11.8　Full Hessian FH 2 模型

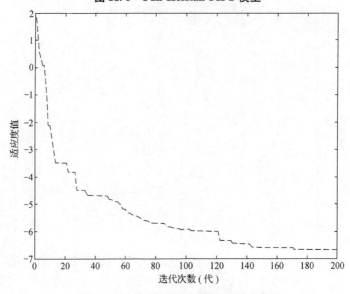

图 11.9　Full Hessian FH 2 收敛曲线

（5）Extended BD 1

$$f(x) = \sum_{i=1}^{n/2} (x_{2i-1}^2 + x_{2i}^2 - 2)^2 + (\exp(x_{2i-1} - 1) - x_{2i})^2,$$

$$x_0 = [0.1, 0.1, \cdots, 0.1] \tag{11.10}$$

由图 11.10 可知，函数的最小值为：1，1。一共对此目标函数迭代了 500 代，函数在迭代至第 300 代左右时开始收敛，最佳的目标函数值为 1.5497e – 14（图 11.11）。

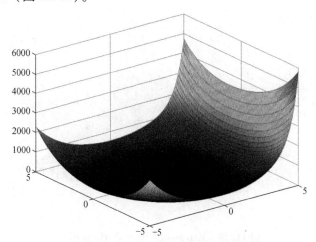

图 11.10　Extended BD 1 模型

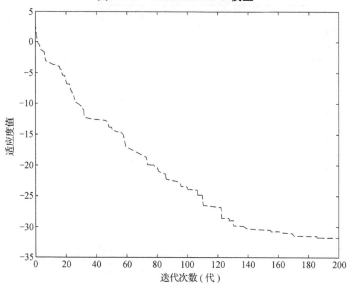

图 11.11　Extended BD 1 收敛曲线

（6）Extended White & Holst

$$f(x) = \sum_{i=1}^{n} (\exp(x_i) - x_i), x_0 = [1,1,\cdots,1] \qquad (11.11)$$

由图 11.12 可知，函数的最小值为：1,1。一共对此目标函数迭代了 200 代，函数在迭代至第 20 代左右时开始收敛，最佳的目标函数值约为 4.7150（图 11.13）

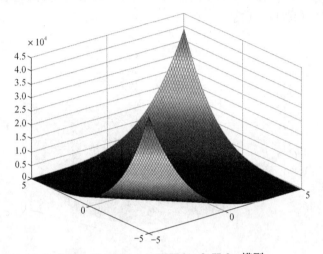

图 11.12 Extended White & Holst 模型

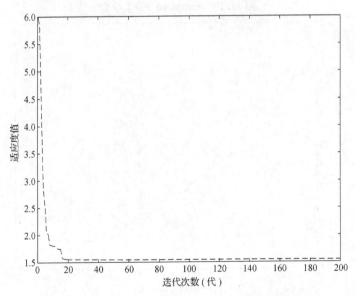

图 11.13 Extended White & Holst 收敛曲线

（7）Extended Tridiagonal 1

$$f(x) = \sum_{i=1}^{n/2} (x_{2i-1} + x_{2i} - 3)^2 + (x_{2i-1} - x_{2i} + 1)^4, x_0 = [2,2,\cdots,2]$$

(11.12)

由图 11.14 可知，函数的最小值为：1，2。一共对此目标函数迭代了 200 代，在迭代至第 60 代左右时开始收敛，最佳的目标函数值约为 2.0129e−05（图 11.15）。

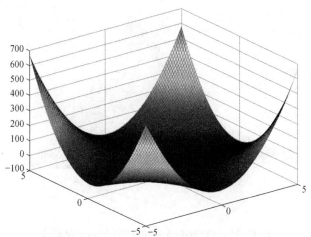

图 11.14　Extended Tridiagonal 1 模型

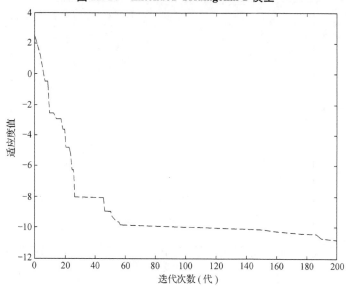

图 11.15　Extended Tridiagonal 1 收敛曲线

（8）Perturbed Quadratic Diagonal

$$f(x) = \left(\sum_{i=1}^{n} x_i \right)^2 + \sum_{i=1}^{n} \frac{i}{100} x_i^2, x_0 = [0.5, 0.5, \cdots, 0.5] \quad (11.13)$$

由图 11.16 可知，函数的最小值为：0，0。一共对此目标函数迭代了 200 代，函数在迭代至第 10 代左右时开始收敛，最佳的目标函数值为 0.0077（图 11.17）。

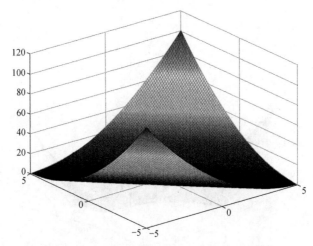

图 11.16　Perturbed Quadratic Diagonal 模型

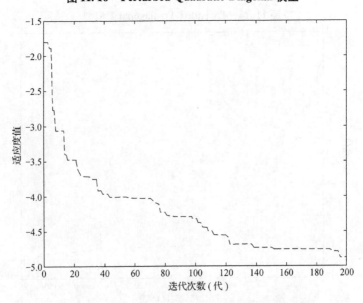

图 11.17　Perturbed Quadratic Diagonal 收敛曲线

（9）Extended Quadratic Penalty QP 1

$$f(x) = \sum_{i=1}^{n-1} (x_i^2 - \sin x_i)^2 + \left(\sum_{i=1}^{n} x_i^2 - 100 \right)^2, x_0 = [1,1,\cdots,1]$$

(11.14)

由图 11.18 可知，函数的最小值为：-1.1000，0。一共对此目标函数迭代了 200 代，函数在迭代至第 10 代左右时开始收敛，最佳的目标函数值约为 7.5625（图 11.19）。

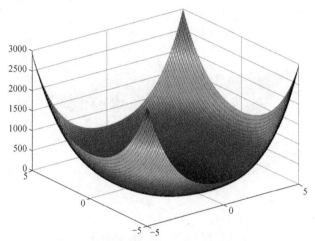

图 11.18　Extended Quadratic Penalty QP 1 模型

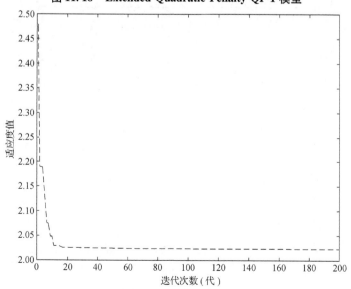

图 11.19　Extended Quadratic Penalty QP 1 收敛曲线

（10）Hager 函数

$$f(x) = \sum_{i=1}^{n} (\exp(x_i) - \sqrt{i}x_i), x_0 = [1,1,\cdots,1] \qquad (11.15)$$

由图 11.20 可知，函数的最小值为：0，0。一共对此目标函数迭代了 200 代，函数在迭代至第 15 代左右时开始收敛，最佳的目标函数值为 0.0688（图 11.21）。

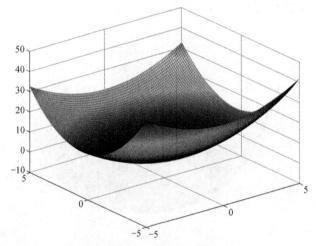

图 11.20　Hager 模型

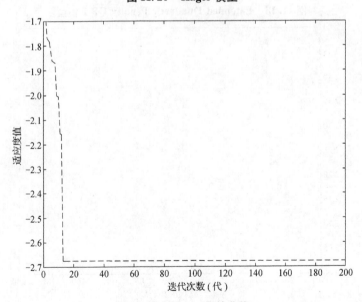

图 11.21　Hager 收敛曲线

由测试函数运行图可得到如下结果（表11.3）。

表 11.3 测试函数运行结果

函数指数	平均适应度值	最优值	最差值	运行时间（s）	最优值的方差
F1	$7.0420e+003$	$2.8891e-007$	$2.1830e+004$	$3.5670e+000$	$1.0303e+003$
F2	$1.2339e+001$	$1.2043e-003$	$2.5490e+001$	$4.1200e+000$	$1.8616e-001$
F3	$6.9747e+003$	$3.0093e-005$	$2.1825e+004$	$4.0230e+000$	$8.5837e+002$
F4	$7.1227e+001$	$3.3036e-003$	$1.4772e+002$	$4.0660e+000$	$7.1382e+000$
F5	NaN	NaN	NaN	NaN	NaN
F6	$6.9215e+003$	0	21904	$4.0230e+000$	$8.7341e+002$
F7	NaN	NaN	NaN	$6.9950e+000$	$e+000$
F8	$1.5693e+000$	$-7.1507e+002$	$7.1507e+002$	$4.2870e+000$	$4.9004e+003$
F9	$1.8741e+001$	$2.7576e-006$	$4.8460e+001$	$4.1760e+000$	$6.6957e-001$
F10	$1.8848e+001$	$1.1468e-003$	$2.2348e+001$	$6.5190e+000$	$5.1877e+000$

观察 10 个测试函数的模型及收敛曲线可以明显发现，遗传算法在寻优及收敛速度上都有着较大的优势。我们设置了每一个函数都迭代 200 代，这些函数基本迭代至 20 代以内就可完成收敛，说明这些函数的收敛速度都比较快。通过观察运行时间发现，这些函数的运行时间都极短。最优值的方差很小，说明最终目标函数值的结果非常精确。众所周知，遗传算法所求得的目标函数值是一个近似值，并不是准确值。因此，上述这些值的指标对于优化的结果有一个很重要的影响。最终我们发现，这些指标都符合我们的要求，证明了遗传算法在优化问题中的可行性及准确性。

11.5 遗传算法的改进

通过前面的介绍，我们得知遗传算法是一种模拟生物进化过程中自然选择机制的优化方法。同其他优化方法相比，遗传算法具有并行性、全局收敛性等优点，同时还具有搜索不依赖于问题的梯度信息和问题模型的特点，使得遗传算法尤其适用于处理传统搜索方法难以解决的复杂非线性问题，在许多领域获得了成功应用。在上述测试函数的验证下，我们发现遗传算法也存在着一些不足之处，如早熟收敛、局部搜索能力差和后期种群同化现象严重等。

普通的遗传算法都无法避免收敛速度过慢、算法取值不稳定等弊端。本次的改进就是针对这两个问题进行的。让改进后的算法拥有更快的收敛速度及更加稳定的计算过程。这两个问题解决之后，也规避了算法容易陷入局部最优解的问题，但是不太显著。算法改进还是以前两点为主。

11.5.1　编码技术

本研究采用 10 位精度二进制编码。每个基因有横纵坐标，即 2 个参数，共 20 位二进制编码。

二进制解码过程采用等比数列权重解码法，即每个参数对应的 10 位二进制数，设 10 个二进制数的取值为矩阵 A，则最终得到的解码数值如下：

$$x = 2\frac{\sum_{i=1}^{10} q^{(i-1)} A(i)}{\sum_{i=1}^{10} q^{(i-1)}} - 1 \tag{11.16}$$

$$y = 2\frac{\sum_{i=11}^{20} q^{(i-11)} A(i)}{\sum_{i=1}^{10} q^{(i-1)}} - 1 \tag{11.17}$$

式中：q 为解码使用的等比系数，通常我们取 0.71。

11.5.2　改进算法的步骤

Step1：初始化种群。

Step2：适应度值的计算。

Step3：选择操作。利用选择算子对种群中的个体进行处理，然后利用算法的自我搜寻机制来通过一些手段找到满足要求的个体，遗传到下一代。

Step4：交叉操作。将适应度值排序高的基因，在本身保留的基础上，进行随机移动，子代基因既包括其本身，又包括其随机移动后的基因。

Step5：变异操作。将粒子的 20 个 0 - 1 编码基因，按概率 P 选取待变异基因，将待变异基因取反即可。

Step6：领头运动。将基因随机选定的 0 - 1 编码基因，按领头基因的编码基因赋值即可完成。

Step7：两种算法选用函数。改进后的遗传算法包括上述所有步骤，普通的遗传算法不包括领头运动。

11.5.3　改进后的图形及结论

通过上述过程对遗传算法进行改进，结果见图 11.22 和图 11.23。

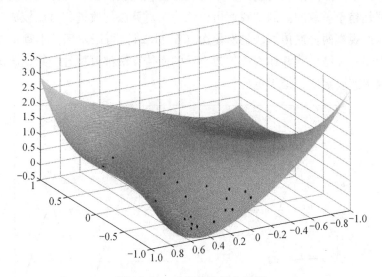

图 11.22　改进算法优化效果

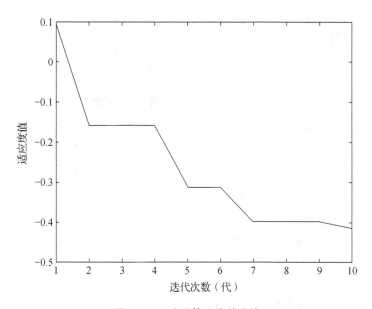

图 11.23　改进算法收敛曲线

通过观察改进遗传算法效果图我们发现：上面的黑点表示可能会输出的结果，大多数黑点都集中于函数会出现最优解的部分，在一些不好的结果或说不良区域，黑点数相对较少。结合收敛曲线图我们发现，在最终的最优结果上都是趋于一致的。因此我们可以认为，对算法的改进相对比较成功。

通过观察两种遗传算法的对比图（图11.24）可以发现，不管是在寻优过程中还是在结果的好坏方面，改进后的遗传算法都要更胜一筹，改进后的算法收敛速度更快、结果更佳。

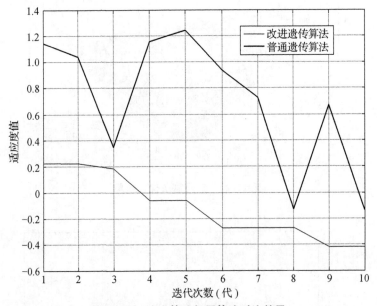

图 11.24　改进算法与原算法对比效果

改进后的遗传算法对算法的快速收敛性有了较为显著的提升，算法收敛的稳定性也得到了显著的提高。通过对比效果图我们可以发现，改进后的算法还可以规避搜索过程中的最优解。我们有理由相信，改进后的算法在之后的应用中会有更好的、更为优秀的发挥。

11.6　遗传算法最优化问题实例

11.6.1　研究最优化问题的意义

最优化是一门应用性强、内容丰富的年轻学科，它讨论决策问题最佳选择的特性，构造寻求最优解的计算方法，研究这些计算方法的理论性质及实际表现。在人类活动的各个领域，最优化问题随处可见。例如，工程设计中怎样选择设计参数，使得设计方案既满足设计要求又能降低成本；在股票活动中，如何投资才能使资金最少、风险最小而获得的收益最大；邮递员问题中，如何安排其行走路线，才能使送信的路程最短或时间最短；军事指挥中，怎样确定最佳作战方案，才能有效地消灭敌人、保存自己，有利于战争的布局；等等。

最优化问题是一个极其古老的课题。早在 17 世纪，英国伟大的科学家牛顿发明微积分的时代，就已经提出了极值问题。然而，其成为一门独立的学科是以 Dantzig 在 1947 年提出求解一般线性规划问题的单纯形算法为标志。20 世纪 40 年代以来，由于生产和科学研究突飞猛进的发展，特别是计算机应用的日益广泛，使最优化问题的研究不仅成为一种迫切的需要，而且有了求解的有力工具，最优化理论和算法得到了迅速的发展。目前，最优化问题已出现线性规划、非线性规划、多目标规划、几何规划、整数规划、动态规划等许多分支，涌现出众多新的优化方法和理论，在工程技术、经济管理、交通运输、系统控制、人工智能、模式识别和 VLSI 技术等领域得到了成功的推广和应用，成为一门十分活跃的学科。

最优化理论和方法研究某些数学上定义的问题的最优解，即对于给出的实际问题，从众多的方案中选出最优方案。最优化问题在计算机科学、经济、军事、工程中普遍存在，对其求解具有重要的现实意义。在中学里，求解方程一直是我们学习的重点。我们当时主要学习低元低次方程，我们也知道它们具有诸如抛物线、直线等各种各样的图形。但这些知识并不能满足我们日常的生产生活。

在现实世界中，由于不同领域的应用问题，往往我们需要将现实问题转化为数学模型加以计算，来求出我们最需要的结果。因此，我们需要一种高效的算法来解决这个过程。我们在前文中介绍的改进后的算法就可以在这个领域得到很好的应用。

11.6.2 优化遗传算法在多元多次方程问题中求最小值

我们建立如下一个通用的多元多次数学函数模型，这是一个通用的模型，我们可以给其中的变量赋值来满足我们具体的生活需求。这个函数可以适用于生产线最小生产资料问题、锅炉优化问题及交通规划最短距离问题。

我们只需要根据实际情况对 $a_1 \sim a_{15}$ 赋值就可以了。函数如下所示：

$$\min(y) = \begin{Bmatrix} a_1 + a_2x + a_3x^2 + a_4x^3 + a_5x^4 + a_6y + a_7y^2 + a_8y^3 + a_9y^4 \\ + a_{10}xy + a_{11}xy^2 + a_{12}xy^3 + a_{13}x^2y + a_{14}x^2y^2 + a_{15}x^3y \end{Bmatrix}$$

$$(11.18)$$

本研究采用 10 位精度二进制编码。每个基因有横纵坐标，即 2 个参数，共 20 位二进制编码。

二进制解码过程采用等比数列权重解码法，即每个参数对应的 10 位二进制数，设 10 个二进制数的取值为矩阵 A，则最终得到的解码数值如下：

$$x = 2 \frac{\sum_{i=1}^{10} q^{(i-1)}A(i)}{\sum_{i=1}^{10} q^{(i-1)}} - 1 \qquad (11.19)$$

$$y = 2 \frac{\sum_{i=11}^{20} q^{(i-11)}A(i)}{\sum_{i=1}^{10} q^{(i-1)}} - 1 \qquad (11.20)$$

式中：q 为解码使用的等比系数，通常我们取 0.71。

改进算法的步骤如下。

Step1：初始化种群。

Step2：适应度值的计算。

Step3：选择操作。利用选择算子对种群中的个体进行处理，然后利用算法的自我搜寻机制来通过一些手段找到满足要求的个体，遗传到下一代。

Step4：交叉操作。将适应度值排序高的基因，在本身保留的基础上，进行随机移动，子代基因既包括其本身，又包括其随机移动后的基因。

Step5：变异操作。将粒子的 20 个 0 - 1 编码基因，按概率 P 选取待变异基因，将待变异基因取反即可。

通过上述过程，我们可以得到如图 11.25 所示的收敛曲线。

我们利用这个多元多次函数对改进后的遗传算法做了一个验证，发现各个部分都在有条不紊地进行。最终得到的预期结果与各个图形间均是相符的。算法时长及系统反应时间都比较短。不管是收敛的速度还是最终结果的优秀程度都在我们的预期以内，证明了改进后算法的可行性。

多元多次函数在我们的生产生活中，都有着很广泛的应用。在实际问题

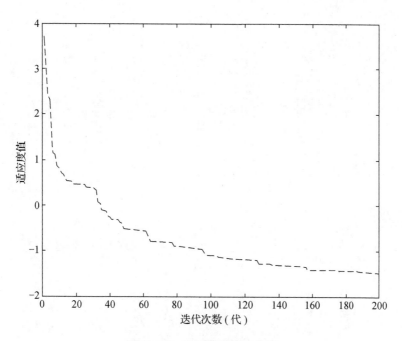

图 11. 25　目标函数收敛曲线

中可能需要赋值的量，以及函数的复杂程度远远高于本函数。但是所有的一切都是由简到难，我们在此基础上，通过日后的学习就可以完成更加难的工作。

参考文献

［1］王凌．智能优化算法及其应用［M］．北京：清华大学出版社，2001.

［2］樊玮．粒子群优化方法及其实现［J］．航空计算技术，2004，34（3）：39－42.

［3］张丽平．粒子群优化算法的理论与实践［D］．杭州：浙江大学，2005.

［4］吴启迪，汪镭．智能微粒群算法研究及应用［M］．南京：江苏教育出版社，2005.

［5］李晓磊，邵之江，钱积新．一种基于动物自治体的寻优模式：鱼群算法［J］．系统工程理论与实践，2002，22（11）：32－38.

［6］刘丽芳．粒子群算法的改进及应用［D］．太原：太原理工大学，2003.

［7］龚纯，王正林．精通 MATLAB 最优化计算［M］．北京：电子工业出版社，2009.

［8］SHI Y H, EBERHART R C. Particle swarm optimization with fuzzy adaptive inertia weight［C］. Proceedings of Workshop on Particle Swarm Optimization, Indianapolis, 2001, 578－580.

［9］刘晶晶．粒子群优化算法的改进与应用［D］．武汉：武汉理工大学，2007.

［10］KENNEDY J, EBERHART R C. Particle swarm optimization［J］. Icnn95-international conference on neural networks, 2002, 4（8）：1942－1948.

［11］李宁，付国江，库少平．粒子群优化算法的发展与展望［J］．武汉理工大学学报：信息与管理工程版，2005，27（2）：26－29.

［12］徐小平．粒子群算法及其参数设置［D］．西安：西安理工大学，2010.

［13］高鹰，谢胜利．免疫粒子群优化算法［J］．计算机工程与应用，2004，40（6）：4－6.

［14］高媛．非支配排序遗传算法（NSGA）的研究与应用［D］．杭州：浙江大学，2006.

［15］葛晓慧，黄进．利用 Duffing 振子估计多频信号参数［J］．浙江大学学报：工学版，2008，42（6）：954－959.

［16］李丽荣．求解 Pareto Front 多目标遗传算法的研究［D］．湘潭：湘潭大学，2003.

［17］李纬，张兴华．一种改进的基于 Pareto 解的多目标粒子群算法［J］．计算机仿真，2010，27（5）：96－99.

［18］李艳丽．基于多目标优化的粒子群算法研究及其应用［D］．成都：西南交通大

学，2014.

[19] 刘衍民，牛奔，赵庆祯．多目标优化问题的粒子群算法仿真研究[J]．计算机应用研究，2011，28（2）：458－460.

[20] 童晶．多目标优化的 Pareto 解的表达与求取［D］．武汉：武汉科技大学，2009.

[21] 王雪峰，叶中行．基于 PSO 的最优投资组合计算方法［J］．工程数学学报，2007，24（1）：31－36.

[22] 熊盛武，李锋．并行 Pareto 多目标演化算法［J］．武汉大学学报：理学版，2003，49（3）：318－322.

[23] 许婧祺．多目标优化算法研究综述［J］．科技信息，2010（32）：125－126.

[24] 张利彪，周春光，马铭，等．基于粒子群算法求解多目标优化问题［J］．计算机研究与发展，2004，41（7）：1286－1291.

[25] 张鑫．协同演化算法及其在组合投资中的研究与应用［D］．哈尔滨：哈尔滨工程大学，2011.

[26] 张鑫礼．多目标粒子群算法原理及其应用研究［D］．包头：内蒙古科技大学，2015.

[27] 左一多．多目标优化问题的粒子群算法及其性能分析［D］．北京：中国地质大学，2013.

[28] DEB K. A fast elitist multi-objective genetic algorithm：NSGA-II［J］. IEEE transactions on evolutionary computation，2000，6（2）：182－197.

[29] SHI Y H, EBERHART R C. Fuzzy adaptive particle swarm optimization［C］. Proceedings of the IEEE Conference on Evolutionary Computation, Piscataway，2001：101－106.

[30] CLERC M. The swarm and the queen：towards a deterministic and adaptive particles swarm optimization［C］. Proceedings of Congress on Evolutionary Computation, Washington，1999：37－42.

[31] KENNEDY J. Stereotyping：improving particle swarm performance with cluster analysis［C］. Congress on Evolutionary Computation, Roma，2000：1507－1512.

[32] ESMAT R, HOSSEIN N, SAEID S. GSA：a gravitational search algorithm［J］. Information sciences，2009，179（13）：2232－2248.

[33] ESMAT R, HOSSEIN N, SAEID S. BGSA：binary gravitational search algorithm［J］. Natural computing，2010，9（3）：727－745.

[34] SARAFRAZI S, NEZAMABADI-POUR H, SARYAZDI S. Disruption：a new operator in gravitational search algorithm［J］. Scientia iranica，2011，18（3）：539－548.

［35］ BHATTACHARYA A, ROY P K. Solution of multi-objective optimal power flow using gravitational search algorithm ［J］. Iet generation transmission & distribution, 2012, 6 (8): 751 – 763.

［36］ ASKARI H, ZAHIRI S H. Decision function estimation using intelligent gravitational search algorithm ［J］. International journal of machine learning and cybernetics, 2012, 3 (2): 163 – 172.

［37］ DUMAN S, SÖNMEZ Y, GÜVENČ U, et al. Optimal reactive power dispatch using a gravitational search algorithm ［J］. Generation transmission & distribution Iet, 2012, 6 (6): 563 – 576.

［38］ 刘勇, 马良. 非线性极大极小问题的混沌万有引力搜索算法求解[J]. 计算机应用研究, 2012, 29 (1): 1001 – 3695.

［39］ 戚晓明, 陆桂华, 滦清华, 等. 基于万有引力的点雨量插值算法研究 ［J］. 河南大学学报: 自然科学版, 2006, 34 (3): 243 – 246.

［40］ MARCO D, VITTORIO M, ALBERTO C. The ant system: optimization by a colony of cooperating agents ［J］. IEEE transactions on systems, man, and cybernetics-Part B, 1996, 26 (1): 1 – 13.

［41］ HOLLAND J H. Adaptation in natural and artificial systems: an introductory analysis with applications to biology, control, and artificial intelligence ［M］. 2nd ed. Cambridge: MIT Press, 1992.

［42］ 王银年. 遗传算法的研究与应用: 基于 3PM 交叉算子的退火遗传算以及应用研究 ［D］. 无锡: 江南大学, 2009.

［43］ 自然哲学的数学原理[EB/OL]. [2014 – 02 – 21]. https: //baike. so. com/doc/5683520 – 5896199. html.

［44］ 韩晓红. 混沌时序非线性去噪方法研究及其应用 ［D］. 太原: 太原理工大学, 2012.

［45］ 金林鹏, 李均利, 魏平, 等. 用于函数优化的最大引力优化算法[J]. 模式识别与人工智能, 2010, 23 (5): 653 – 662.

［46］ 谷文祥, 李向涛, 朱磊, 等. 求解流水线调度问题的万有引力搜索算法 ［J］. 智能系统学报, 2010, 5 (5): 411 – 418.

［47］ 徐遥, 安亚静, 王士同. 基于三角范数的引力搜索算法分析 ［J］. 计算机科学, 2012, 38 (11): 225 – 230.

［48］ 李超顺, 周建中, 肖剑. 基于改进引力搜索算法的励磁控制 PID 参数优化 ［J］. 华中科技大学学报: 自然科学版, 2012, 40 (10): 119 – 122.

[49] KAZAK N, A DUYSAK. Modified gravitational search algorithm [C]. International Symposium on Innovations in Intelligent Systems and Applications, Albena, 2012.

[50] 张维平, 任雪飞, 李国强, 等. 改进的万有引力搜索算法在函数优化中的应用 [J]. 计算机应用, 2013, 33 (5): 1317-1320.

[51] 杨晶, 黎放, 狄鹏. 免疫万有引力算法的研究与仿真 [J]. 兵工学报, 2012, 33 (12): 1000-1093.

[52] 朱颢东, 钟勇. 一种改进的模拟退火算法 [J]. 计算机技术与发展, 2009, 19 (6): 32-35.

[53] 李春龙, 戴娟, 潘丰. 引力搜索算法中粒子记忆性改进的研究 [J]. 计算机应用, 2012, 32 (10): 2732-2735.

[54] 李沛, 段海滨. 基于改进万有引力搜索算法的无人机航路规划 [J]. 中国科学: 技术科学, 2012, 42 (10): 333-336.

[55] ZIBANEZHA B, ZAMANIFAR K, SADJADY R S, et al. Applying gravitational search algorithm in the QoS-based web service selection problem [J]. Journal of Zhejiang University science C, 2011, 12 (9): 730-742.

[56] RASHEDI E, NEZAMABADI-POUR H, SARYAZDI S. Filter modeling using gravitational search algorithm [J]. Engineering applications of artificial intelligence, 2011, 24 (1): 117-122.

[57] BAHROLOLOUM A, NEZAMABADI-POUR H, BAHROLOLOUM H, et al. A prototype classifier based on gravitational search algorithm [J]. Applied soft computing, 2012, 12 (2): 819-825.

[58] MONDAL S, BHATTACHARYA A. Multi-objective economic emission load dispatch solution using gravitational search algorithm and considering wind power penetration [J]. International journal of electrical power & energy systems, 2013, 44 (1): 282-292.

[59] 陈鹏. 基于蚁群算法的 TSP 优化算法 [D]. 西安: 长安大学, 2009.

[60] 段海滨. 蚁群算法原理及其应用 [M]. 北京: 科学出版社, 2005.

[61] 侯文静, 马永杰, 张燕, 等. 求解 TSP 问题的改进蚁群算法 [J]. 2010, 27 (6): 2087-2089.

[62] 李士勇. 蚁群算法及其应用 [M]. 哈尔滨: 哈尔滨工业大学出版社, 2004.

[63] 李金汉, 杜德生. 一种改进蚁群算法的仿真研究 [J]. 自动化技术与应用, 2008, 27 (2): 58-60.

[64] 王忠英, 白艳萍. 经过改进的求解 TSP 问题的蚁群算法 [J]. 数学实践与认识, 2012, 42 (4): 133-140.

[65] 王颖, 谢剑英. 一种自适应蚁群算法及其仿真研究 [J]. 系统仿真学报, 2002, 14 (1): 31 – 33.

[66] 王柳毅, 熊伟清. 并行二进制蚁群算法的多峰函数优化 [J]. 计算机工程与应用, 2006, 42 (22): 42 – 45.

[67] 吴启迪, 汪镭. 智能蚁群算法及应用 [M]. 上海: 上海科技教育出版社, 2004.

[68] 杨欣斌, 孙京浩, 黄道. 基于蚁群聚类算法的离群挖掘方法 [J]. 计算机工程与应用, 2003, 39 (9): 12 – 13.

[69] 赵吉东, 胡小兵, 刘好斌. 改进的蚁群算法及其在 TSP 中的应用[J]. 计算机工程与应用, 2010, 46 (24): 51 – 52.

[70] DENBYA B, HLEGARAT S L. Swarm intelligence in optimization problems [J]. Nuclear instruments and methods in physics research, 2003, 502 (2): 364 – 368.

[71] DORIGO M, GAMBARDELLA L M. Ant colony system: a cooperative learning approach to the traveling salesman problem [J]. IEEE transactions on evolutionary computation, 1997, 1 (1): 53 – 66.

[72] LEE Z J, LEE C Y, SU S F. An immunity-based ant colony optimization algorithm for solving weapon-target assignment problem [J]. Applied soft computing, 2002, 2 (1): 39 – 47.

[73] RANDALL M. A parallel implementation of ant colony optimization [J]. Journal of parallel and distributed computing, 2015, 62 (9): 1421 – 1432.

[74] WU B, SHI Z. A clustering algorithm based on swarm intelligence [C]. Proceedings IEEE International Conferences on Info-tech & Info-net, Beijing, 2001.

[75] 曹洋, 胡春华, 陈少波, 等. 一种路径测试数据自动生成方法 [J]. 计算机工程, 2011, 37 (9): 25 – 28.

[76] 刘朝华. 免疫克隆选择算法研究及其应用 [D]. 长沙: 湖南大学, 2010.

[77] 常志英, 韩莉, 姜大伟. 改进的克隆选择算法及其应用 [J]. 计算机工程, 2011, 37 (1): 173 – 174.

[78] 杨咚咚, 焦李成, 公茂果, 等. 求解偏好多目标优化的克隆选择算法 [J]. 软件学报, 2010, 21 (1): 14 – 33.

[79] 常志英, 韩莉, 姜大伟, 等. 改进的免疫克隆选择算法及其在多峰值寻优中的应用 [J]. 黑龙江电力, 2010, 32 (2): 138 – 142.

[80] 郭一楠, 王辉, 程健. 自适应免疫克隆选择文化算法 [J]. 电子学报, 2010, 38 (4): 966 – 972.

[81] ALBERTO H, ENRIQUE B, JOSE R, et al. Design of PID-type controllers using multi-

objective genetic algorithms [J]. Isa transactions, 2002, 41 (4): 457 – 472.

[82] 焦李成, 尚荣华, 马文萍, 等. 多目标优化免疫算法理论和应用 [M]. 北京: 科学出版社, 2010.

[83] 何正风. MATLAB 在数学方面的应用 [M]. 北京: 清华大学出版社, 2012.

[84] 韩旭明, 王丽敏. 人工免疫算法改进及应用 [M]. 北京: 电子工业出版社, 2013.

[85] LIMA J M G, RUANO A E. Neuro-genetic PID autotuning: time invariant case [J]. Mathematics & computers in simulation, 2000, 51 (3 – 4): 287 – 300.

[86] 胡小光, 张太华, 杨静, 等. 改进的人工免疫算法特征知识推送模型 [J]. 组合机床与自动化加工技术, 2018 (3): 4 – 7.

[87] 胡小光, 张太华, 杨静, 等. 基于人工免疫原理的知识推送模型 [J]. 组合机床与自动化加工技术, 2018 (1): 13 – 17.

[88] GONG D, CHENG J, WANG L, et al. The intrusion detection method of message head and message content [J]. Journal of Xiangnan University, 2011 (5): 46 – 50.

[89] DESHMUKH M R, SHARMA M. Rule-based and cluster-based intrusion detection technique for wireless sensor network [J]. International journal of computer science & mobile computing, 2013, 2 (6): 200 – 208.

[90] GONG D, ZHANG C, Duan S, et al. Message content detection method research based on negative pattern [J]. Computer & digital engineering, 2015 (10): 1834 – 1837.

[91] 戴晓晖, 李敏强, 寇纪淞. 遗传算法理论研究综述 [J]. 控制与决策, 2000, 15 (3): 263 – 268.

[92] 盖佳妮. 量子遗传算法的改进与研究 [D]. 锦州: 渤海大学, 2017.

[93] 吉根林. 遗传算法研究综述 [J]. 计算机应用与软件, 2004, 21 (2): 69 – 73.

[94] 李敏强. 遗传算法的基本理论与应用 [M]. 北京: 科学出版社, 2002.

[95] 王银年. 遗传算法的研究与应用 [D]. 无锡: 江南大学, 2009.

[96] 王小平, 曹立明. 遗传算法: 理论、应用与软件实现 [M]. 西安: 西安交通大学出版社, 2002.

[97] 张铃, 张拔. 遗传算法机理的研究 [J]. 软件学报, 2000, 11 (7): 945 – 952.

[98] 邹长春, 尉中良, 柴细元, 等. 利用遗传算法实现最优化测井解释 [J]. 测井技术, 1999, 23 (5): 361 – 365.

[99] 张青凤. 遗传算法在最优化问题中的应用研究 [J]. 山西师范大学学报: 自然科学版, 2014 (1): 38 – 42.

[100] DEB K, AGRAWAL S, PRATAP A, et al. A fast elitist non-dominated sorting genetic algorithm for multi-objective optimization: NSGA-II [C] //International Conference

on Parallel Problem Solving From Nature. Berlin: Springer-Verlag, 2000: 849 –858.

[101] HARTMANN S. A competitive genetic algorithm for resource-constrained project schedu-ling [J]. Naval research logistics, 2015, 45 (7): 733 –750.

[102] HORN J, NAFPLIOTIS N, GOLDBERG D E. A niched Pareto genetic algorithm for multi-objective optimization [C] //IEEE World Congress on Computational Intelli-gence. Proceedings of the First IEEE Conference on. IEEE, 2002: 82 –87.

[103] MAULIK U, BANDYOPADHYAY S. Genetic algorithm-based clustering technique [J]. Pattern recognition, 2004, 33 (9): 1455 –1465.

[104] YANG J, HONAVAR V. Feature subset selection using a genetic algorithm [J]. IEEE intelligent systems & their applications, 2002, 13 (2): 44 –49.

[105] ZWICKL D J, HILLIS D M, CANNETELLA D C, et al. Genetic algorithm approaches for the phylogenetic analysis of large biological sequence datasets under the maximum likelihood criterion [J]. Dissertations & theses-gradworks, 2006, 3 (5): 257 –260.

致　谢

在本书写作过程中，得到了多方的帮助和支持。感谢本书参阅和引用的参考文献的作者们，是他们的成果给了本书许多启迪。本书撰写过程中参考的书籍、论文及网页资料等相关文献，初稿在页下均做了脚注，已尽可能列出，但受篇幅限制，完稿时将所有脚注与书后的参考文献合并，原文处无法一一标清出处，难免有所遗漏，特向这些作者表示歉意。本书受到国家自然科学基金（项目号：71371128）、北京市教育委员会科学研究计划基金（项目号：SM201410038013）、首都经济贸易大学信息学院计算交通科学研究中心（CTSC）和大数据与机器学习创新团队的大力资助，在此一并致谢。我还要特别感谢我的妻子和我的家人，没有她们的理解，就没有我现在的成就，她们多年来对我科研事业的全力支持、倾心关注，是我前行的不竭动力和永恒的精神支柱，谢谢你们！

期望本书的出版能够对智能优化算法的教学科研人员有所裨益。尽管经过努力和多次修改，书中难免会出现错误或不准确的地方，对不断发展的计算智能也无法及时更新相关内容，希望同行专家、学者和广大读者不吝赐教。您宝贵的反馈是我们继续前行的无尽动力！作者邮箱为：wuzhuang@ cueb. edu. cn。

作　者
2018 年 8 月